高等教育"十

U0560829

园林计算机辅助设计
——CAD

主编 吕凉 金鑫
副主编 蒋骁闻 章安然

东华大学出版社
·上海·

内 容 简 介

　　《园林计算机辅助设计——CAD》是在 AutoCAD2018 中文版的基础上，结合园林设计计算机绘图特点来编写的。本书主要介绍了 AutoCAD 在园林景观设计方面的应用方法和技巧。全书分为八个模块，每个模块通过实战型项目来介绍园林设计中常用的基础知识、绘图命令、编辑命令、辅助工具、输出方式以及和天正软件的搭配。本书采用"互联网＋"形式，配有详细的讲解视频，是一本将纸质教材与数字化资源、专业技能与课程思政深度融合的新形态一体化教材。

　　本书强调实用性和技巧，系统性强，叙述深入浅出，讲解仔细，并将作者多年 AutoCAD 软件教学的问题和心得进行归纳总结，可以很大程度提高读者的绘图效率。

　　本书可作为本科、高职高专、成人教育、五年制高职等院校园林技术、风景园林设计、景观设计专业教材，适合软件学习入门学习使用，也可供园林景观行业从业人员参考。

图书在版编目（CIP）数据

园林计算机辅助设计：CAD / 吕凉，金鑫主编；蒋骁闻，章安然副主编 . -- 上海：东华大学出版社，
2025. 1. -- ISBN 978-7-5669-2444-5

Ⅰ. TU986.2-39

中国国家版本馆 CIP 数据核字第 2024YJ7880 号

园林计算机辅助设计——CAD

主编　吕 凉　金 鑫　　副主编　蒋骁闻　章安然

责任编辑：杜亚玲
版式设计：南京文脉图文设计制作有限公司

出　　　　版：东华大学出版社（上海市延安西路 1882 号，200051）
本 社 网 址：http://dhupress.dhu.edu.cn
天猫旗舰店：http://dhdx.tmall.com
营 销 中 心：021-62193056　62373056　62379558
印　　　　刷：上海盛通时代印刷有限公司
开　　　　本：889 mm×1194 mm　1/16
印　　　　张：6.75
字　　　　数：200千字
版　　　　次：2025 年 1 月第 1 版
印　　　　次：2025 年 1 月第 1 次印刷
书　　　　号：ISBN 978-7-5669-2444-5
定　　　　价：56.00 元

YMH01415870

刮开涂层，微信扫码后
按提示操作

扫二维码看本书视频

目 录 CONTENTS

前 言 FOREWORD

风景园林是一门综合性应用学科，主要处理人类生活空间和自然的关系，是有关土地的分析、规划、设计、管理、保护和恢复的艺术和科学。它利用综合理论设计人与土地之间具有美学和实用价值的关系，研究如何在人们使用及享用土地和维持环境的生态和健康之间建立一种平衡，如何进行管理和经营，使之可持续发展，创造适合人类使用和生态平衡的人居生活环境。

近年来，园林设计行业在我国得到了迅速发展，AutoCAD作为世界范围内较早开发、用户群庞大的园林景观设计绘图重要的软件工具，也得到了不断完善和更新。

一、本书的编写目的

通常情况下，AutoCAD课程会设置在高校风景园林专业人才培养方案中的第一学期，课时普遍较短。学生在学习刚刚开始入门时，课程就结束了。本书针对园林景观设计专业绘图需求，利用学习AutoCAD的主要知识脉络为线索，以专业中的设计"实例"作为突破口，帮助读者熟练掌握AutoCAD操作方法和使用技巧，利用该软件进行园林景观设计的图纸绘制。

二、本书的特点

本书结合编者在高校一线园林景观设计专业课程中的实际教学经验及行业工作经验，结合专业特点详细讲解园林设计图纸绘制中AutoCAD软件的使用方法和功能。

本书主要内容包括AutoCAD基本操作、AutoCAD绘图知识、与其他软件的输出合作等，同时引用园林设计工程实践的案例，通过实例项目演练操作，帮助读者掌握实际的操作技能。

本书中每个项目都是按照学习目标、能力训练、模块小结、模块实训等结构进行编写，脉络清晰，循序渐进。读者在学习时，对于有些命令中的"备注"信息也要格外关注，其内容多数是操作的技巧和注意事项。

另外，本书还配备了极为丰富的学习资源，具体内容如下：

1. 软件绘图和编辑命令的同步操作视频，可像看短视频一样轻松学习，然后对照书中实例进行练习，读者可以根据个人情况来安排学习进度，从而获得最优的学习效果。

2. 不同命令搭配不同的经典中小型实例，通过实例学习可以更快掌握软件操作方法。案例直接而生动，可大大增强读者的学习信心。

三、注意事项

学习软件是一个不断精进熟练的过程。在学习过程中，很多同学容易只关注单个命令操作，而忽略对多个命令的配合使用。在学习AutoCAD时，一定要活学活用，要在学习软件各种命令的同时，同步对园林景观设计的国家制图规范、设计规范等内容进行理解和掌握，只有这样才能将该软件的使用和专业实践绘图紧密结合起来，快速上手。

四、致谢

本书在写作过程中得到了同事和专业人士的大力支持，我的学生陆欣睿、刘海和陈浩荧也帮助整理了部分命令操作步骤。同时，该书获得了东华大学出版社编辑的关心和指导，在此一并感谢。

由于篇幅有限，对书中存在的疏漏和不足之处，恳请读者批评指正。

编　者

模块一
园林设计与AutoCAD导入

学习目标

本模块主要从园林设计专业知识入手，结合本专业特点和要求，简要介绍AutoCAD软件以及其在园林设计专业中的主要应用领域和软件基础知识。

能力训练

1. 能够掌握园林设计的步骤，了解园林设计图纸与软件使用之间的关系；
2. 具备对AutoCAD园林设计图纸美观性的鉴别能力。

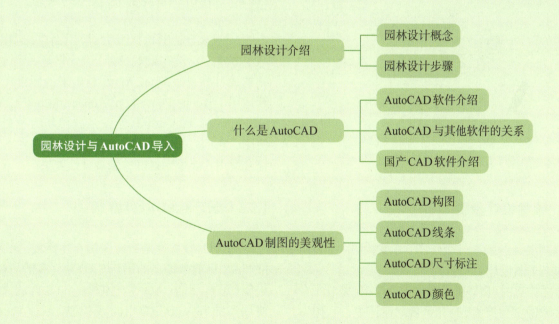

1.1 园林设计介绍

园林设计是综合性的艺术设计。园林设计包括总图设计、节点详细设计、竖向设计、绿化设计、建筑小品（园林建筑、家具小品、标识标牌等）设计、细部（铺装、收边侧石、栏杆、围墙等）通用设计等，园林设计需要设计者具有绘制图纸的能力。

1.1.1 园林设计概念

园林这个概念是指在一定地段范围内，利用并改造天然山水地貌或者人为地开辟山水地貌，结合植物栽种和建筑布置，构成一个供人们观赏、游憩、居住的环境。任何园林的建造都是从设计开始的，是在选址范围内将地形、水体、植被、建筑等设计要素和谐地组织在一起，运用工程技术进行施工，最后创造出理想的室外环境的过程（图1.1.1）。园林是园林设计师的心血结晶。

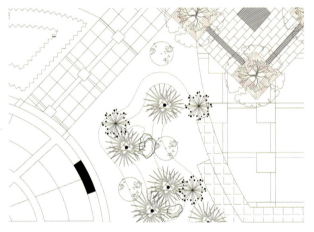

图1.1.1　某公园局部平面图

1.1.2 园林设计步骤

园林设计一般有三个步骤：方案构思、方案初设计和施工图设计。

方案构思时，设计师需要按设计要求，提取所在场地区域的文化要素，融合到规划设计中去。构思完成后，设计师需要将初步的方案绘制到平面图中，形成一个细部结构也比较完整的成熟方案。最后在施工之前，设计师需要绘制具体的施工图纸，当图纸和场地有差异时，也需要设计师现场进行调整和完成后续图纸修改。

1.2 什么是AutoCAD

在园林设计行业中，工作人员交流最多的工具就是方案图纸，例如园林总平面图、剖面图、立面图、节点详图和大样图等。这些图纸都是通过AutoCAD软件完成的。AutoCAD的文件格式后缀为.dwg，但是它可以将软件形成的DWG文件转化为JPG、PDF等日常生活中更为方便使用的文件格式，便于专业人员与非专业人员之间的交流沟通。因此AutoCAD是运用非常广泛的绘图软件。

1.2.1 AutoCAD软件介绍

AutoCAD是美国Autodesk公司开发的计算机辅助图形编辑软件包。CAD是"computer aided design"的缩写，也就是计算机辅助设计。它现在已经是全世界使用最广泛的计算机绘图软件之一，主要应用于二维绘图、详细绘制、设计文档和三维设计等。几乎每年Autodesk公司都会对AutoCAD软件进行更新，发表新的版本。

1.2.2 AutoCAD与其他软件的关系

AutoCAD制图功能强大，应用面广，运用的领域也非常广泛。在景观设计行业，它是一个非常基础的设计软件。AutoCAD绘制出来的图形可以继续运用于Adobe Photoshop、Adobe Illustrator、Adobe InDesign、SketchUp等其他设计软件作为基础底图使用。它们之间的关系是相辅相成的，各种软件的综合运用才能呈现最好的景观设计效果。

1.2.3 国产CAD软件介绍

国产CAD软件是指由我国自主研发的CAD软件产品，目前市场上的国产CAD软件有浩辰CAD、中望CAD、纬衡CAD等。国产CAD软件的大部分使用习惯和AutoCAD相同或相似，熟练AutoCAD的人也可以较快上手。

和AutoCAD相比，国产CAD软件针对国内设计行业的实用性需求，增加了部分功能（比如暖通、电气、电力等配套软件，以符合国标及中国设计师的使用习惯)。

设计施工阶段不同的参与人员,因此图面观感是非常重要的。虽然AutoCAD软件是一个纯功能的产品,但是如果在绘图效果中能加上形式美的原则,使图面工整、层级清晰,就能突出重点内容,让人读图时清楚易懂(图1.3.1)。

1.3 AutoCAD制图的美观性

AutoCAD软件绘制出来的图案,最终会呈现给

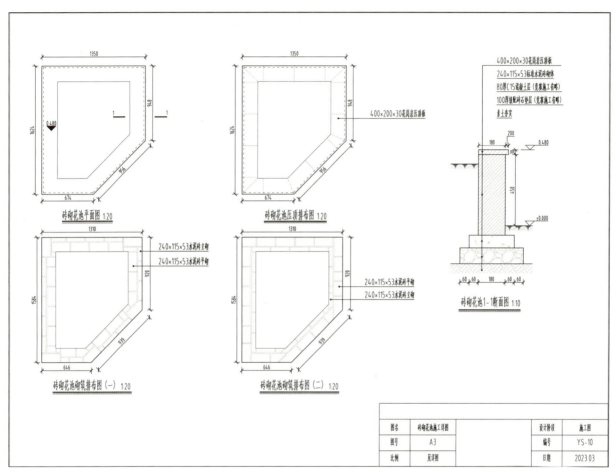

图1.3.1　学生作业(余浩然)

1.3.1 AutoCAD构图

AutoCAD图纸是否美观,最大的差别在于构图。初学者应用AutoCAD绘制图纸时,都会遇到布局和对位的问题。在一张图纸中,图像的区域一般居中排列,且图像和文字信息应标注清晰。整齐和均衡是设计领域中形式美的重要法则,整齐、简洁、均衡、清晰,能使整张图纸的构图产生美感。

1.3.2 AutoCAD线条

AutoCAD制图之中,线条的粗细对比会让阅读

者产生强烈的层次感。图纸中线条的粗细关系、对比统一,具有系统性,也带来平面构成的美感。

1.3.3 AutoCAD尺寸标注

作为图纸中图形的附属信息,尺寸标注的美观性也非常重要。尺寸线的位置需要对齐,各种交叉线的出头长度要统一,文字大小、字体需要考虑打印输出后的视觉效果,位置间距、引出线的角度需要一致。此外,各种特殊符号的位置、大小安排,填充图案的比例控制,以及不同元素之间的位置关系的统一控制,都需要通过不断实践,获得最佳效果。

1.3.4 AutoCAD颜色

除了最后的打印输出成实体,很多时候图纸会在电脑上进行审阅。此时图纸美观性表现,主要还是依靠颜色。把图纸内容根据不同线宽、淡显等方面分成若干颜色,不仅内容清晰,打印输出方便,同时赏心悦目,即使长期对着屏幕观看眼睛也不累。对于复杂的图纸,绘图者甚至会分层次赋予不同的颜色,以提高绘图期间的效率。

颜色区分还有一个重要的作用就是进行打印线型的管理。即使最后是单色打印,在绘图时也需要分颜色,方便针对颜色设置打印管理样式。

 模块小结

AutoCAD在园林设计的实践中是非常重要的绘图软件,AutoCAD可以应用于园林设计中的方案图纸、施工图、大样图等多方面的图纸。因此相关人员应熟练掌握AutoCAD软件,以绘制出美观的AutoCAD图纸,这在学习和工作中是十分必要的。

 模块思考

1.AutoCAD软件制图的美观性体现在哪些方面?

模块二
调试工具——AutoCAD 基础操作

学习目标

本模块开始循序渐进地介绍 AutoCAD 软件的基础操作,以帮助读者熟悉软件操作界面的布局,掌握如何修改软件的系统参数、文件管理方法,学会图层管理、应用各种绘图辅助工具。

本书以 AutoCAD2018 版本作为教学参考,2018 以后的版本与 2018 版相比,在使用上的差异并不大。

能力训练

1. 熟悉 AutoCAD 的操作界面,可快速找到区域位置;
2. 了解 AutoCAD 的配置绘图系统,可随时进行修改;
3. 学会 AutoCAD 的基本输入操作及快捷键方式;
4. 学会 AutoCAD 的图层设置,培养分图层绘图的习惯。

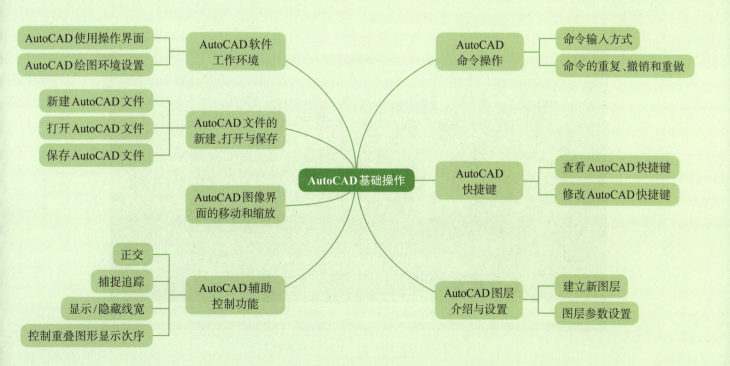

2.1 AutoCAD软件工作环境(扫二维码看操作视频)

安装完 AutoCAD 软件后,双击桌面快捷方式即可进入 AutoCAD 软件进行绘图。熟悉和掌握其绘图软件和基本操作方法,是学习使用 AutoCAD 的基础。

2018 年版本的 AutoCAD 操作界面较旧版相比,与其他普遍使用的电脑软件,例如 Windows Office 操作界面类似,看起来更直观简洁。

2018 年版本与以往版本 AutoCAD 不同的是,打开后的新版 AutoCAD 增加了一个开始页面,它提供了开始新文件、打开文件和打开历史文件等功能。当选择其中一项之后,使用者就正式进入了操作界面(图2.1.1)。

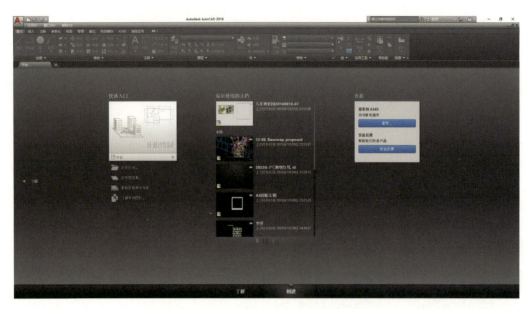

图2.1.1　AutoCAD 高阶版本打开软件画面

2018 年版本 AutoCAD 的绘图界面布局取消了以前老版本的"CAD经典模式界面",把默认界面变成"草图与注释"模式,将一些常用的绘图和编辑命令分成几大组呈现,和其他的常用工作软件比较类似(图2.1.2)。

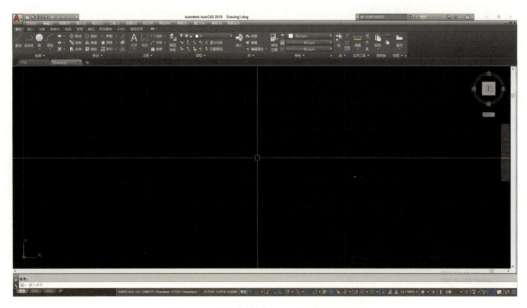

图2.1.2　2018 年版本 AutoCAD 绘图界面

2.1.1 AutoCAD操作界面

AutoCAD操作界面布局分为快速访问及标题栏、菜单栏、工具栏、绘图窗口、命令栏和状态栏六大部分。

2.1.1.1 快速访问及标题栏

快速访问及标题栏在软件界面的最顶部,显示

了软件名称和图标。如果新建的文件还未取名,则显示默认文件名"Drawing1.dwg",以此类推。左边区域显示的是一些常见功能的图标,比如新建文件、打开文件、保存文件等。当新文件保存在电脑中时,标题栏会显示文件路径和保存的文件名。最右边3个按钮分别为最小化、恢复窗口大小和关闭(图2.1.3)。

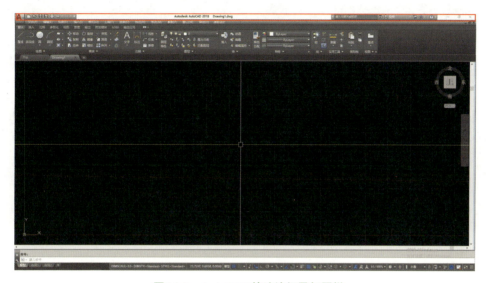

图2.1.3　AutoCAD快速访问及标题栏

2.1.1.2 菜单栏

菜单栏在快速访问及标题栏的下方,点击任何一个菜单名称,都会弹出相应的下拉菜单,有些也包括子菜单。这是AutoCAD的主要功能选项,包含了几乎所有的功能命令(图2.1.4)。但是在实际画图

过程当中,每一个绘图命令如果都要通过点击菜单栏才能完成,会非常耗费时间,降低绘图效率。因此在实际绘图过程中,使用者应尽快学会使用快捷键发布命令,之后几个模块的内容将会具体讲解如何发布绘图命令。

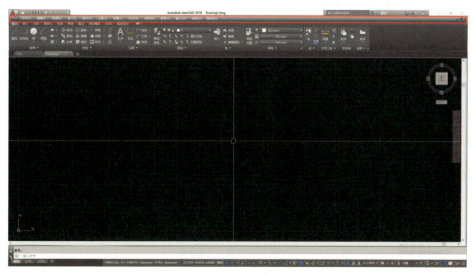

图2.1.4　AutoCAD菜单栏

如果打开CAD之后默认界面没有显示出菜单栏，则可以单击快捷访问栏右边的三角形按钮，在

按钮的下拉菜单中，选择"显示菜单栏"（图2.1.5、图2.1.6）。

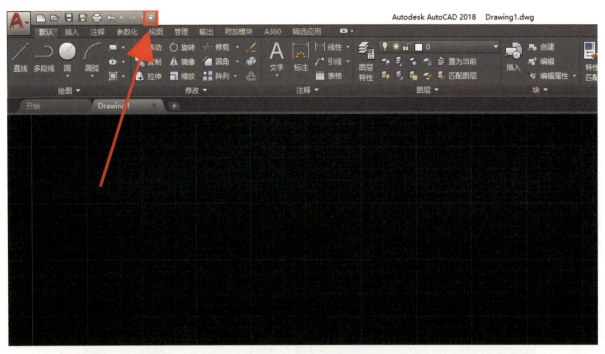

图2.1.5　AutoCAD调出菜单栏界面

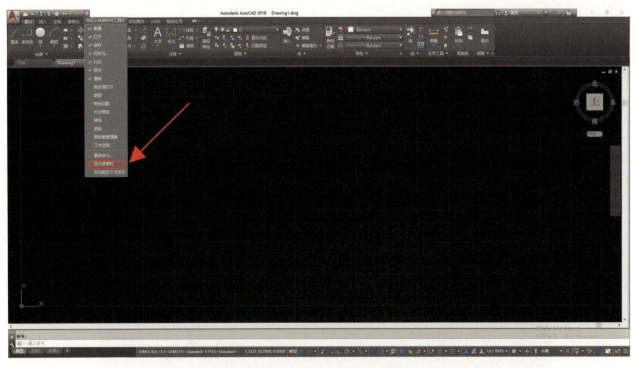

图2.1.6　AutoCAD调出菜单栏界面

2.1.1.3　工具栏

工具栏在菜单栏下方，是一组按钮工具的集

合，也提供了AutoCAD几乎所有的绘图和编辑命令。点击工具栏中的图标或文字即可调动相应的AutoCAD命令（图2.1.7）。

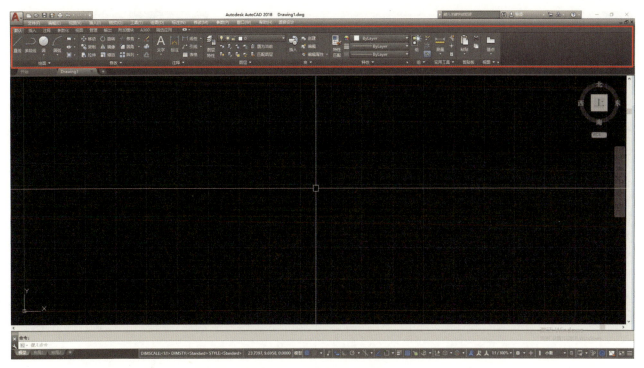

图2.1.7　AutoCAD工具栏

把十字光标移动到某个按钮上,停留片刻,按钮的一侧会显示相应的功能介绍。工具栏可以固定也可以浮动。

如果绘图者误删了工具栏或者工具栏消失,则可以通过菜单栏中的"工具"选项,在"工具栏"的"AutoCAD"中,将需要的工具栏点击选中(图2.1.8、图2.1.9)。

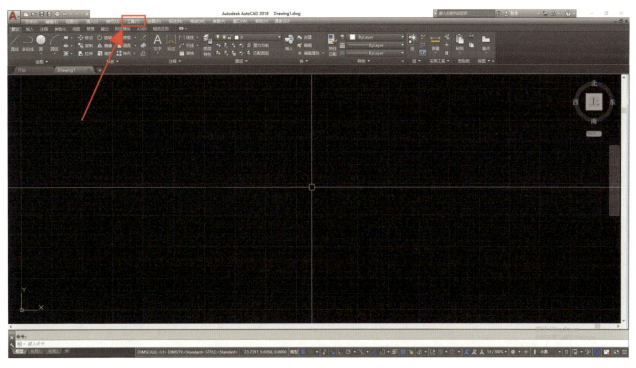

图2.1.8　AutoCAD调出工具栏界面

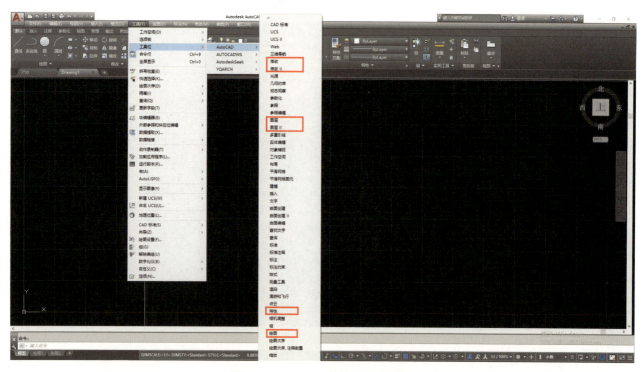

图2.1.9　AutoCAD调出工具栏界面

2.1.1.4　绘图窗口

绘图窗口是AutoCAD软件界面面积最大的区域,用来显示、绘制和编辑图形。一般来说,绘图窗口的默认界面是XY轴的二维坐标面。坐标指示图标在左下角。往右是X轴增大,往上是Y轴增大。

绘图窗口的默认背景颜色是黑色。当鼠标指针进入绘图窗口后,会变成十字光标。十字光标由鼠标进行控制,其交叉点的坐标值会显示在下面的状态栏中(图2.1.10)。十字光标的大小和背景颜色均可改变。

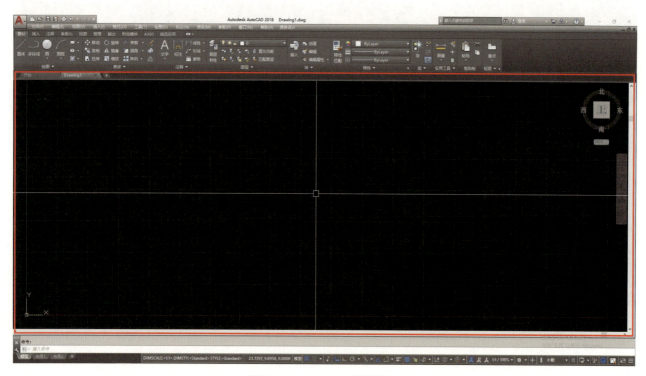

图2.1.10　AutoCAD绘图窗口

2.1.1.5 命令栏

命令栏是一个使用者和软件交互对话的窗口。使用者通过工具栏、菜单栏或者键盘输入发出的绘图命令都会在命令栏显示（图2.1.11）。在输入命令完成时，需要按回车键或空格键，以表示当下指令已结束。命令栏的大小可以调整，移动鼠标至命令栏上部边缘，鼠标变成拖动箭头后即可拖动。

在正式操作AutoCAD之前，读者需要知道这是一个实践操作性极强的软件。因此，在学习时，读者应该学习的是如何更高效、快速地使用该款软件。在实际工作中，使用者在进行各种绘图命令时，常常通过命令栏输入快捷键对电脑进行命令执行。

AutoCAD快捷键是指在AutoCAD软件操作中，为方便使用者，可以利用键盘的快捷键发出命令，完成绘图、修改、保存等操作。读者在学习AutoCAD的过程中，应该尽快熟悉各种软件的快捷键，可使双手同时开工，以便提高软件的使用速度和效率。

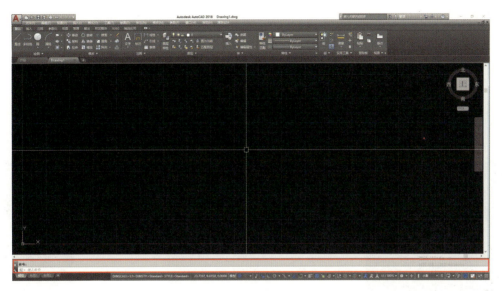

图2.1.11　AutoCAD命令栏

2.1.1.6 状态栏

状态栏位于AutoCAD区域最底部，中间左侧数值显示十字光标交叉点当前所处的空间坐标值，中间部分是绘图辅助工具的开关栏。点击任意一个辅助工具开关按钮，即可切换它们的开闭状态（图2.1.12）。蓝色表示该工具是打开状态，灰色表示该工具是关闭状态。

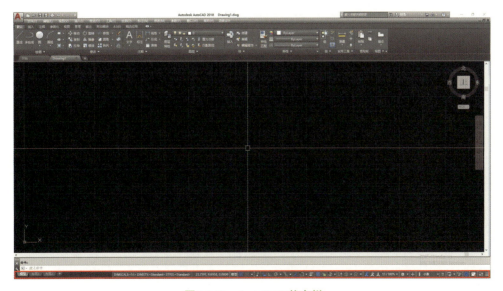

图2.1.12　AutoCAD状态栏

在部分辅助工具按钮上点击鼠标右键时，会弹出一个菜单，其中可设置选项的修改。

状态栏左侧包含模型视图和布局视图，在实际工作中，绘图时应当处于模型视图，一些文字、标注等辅助信息可以在布局视图中输入。状态栏右侧包括视图的注释比例、切换工作空间、当前图形单位等选项。

2.1.2　AutoCAD绘图环境设置

AutoCAD默认的绘图环境设置可以满足一般的绘图要求，但有些时候使用者有自己的绘图习惯，可以通过修改默认设置调整成自己习惯的绘图状态。

2.1.2.1　操作区域选项设置

单击"工具"下拉菜单，选择"选项"，弹出的对话框可以进行操作区域选项修改。也可通过键盘在英文状态下输入OP（字母大小写均可），再按回车键或空格键调出"选项"对话框。

修改背景颜色

在"选项"对话框中选择"显示"选项卡，再单击中间的"颜色"按钮，在弹出的"图形窗口颜色"对话框中将"二维模型空间""统一背景"的颜色选择需要的颜色，单击下方"应用并关闭"按钮即可。大部分使用者绘图时一般会把背景设置为黑色，以使界面看起来比较温和不刺眼（图2.1.13）。

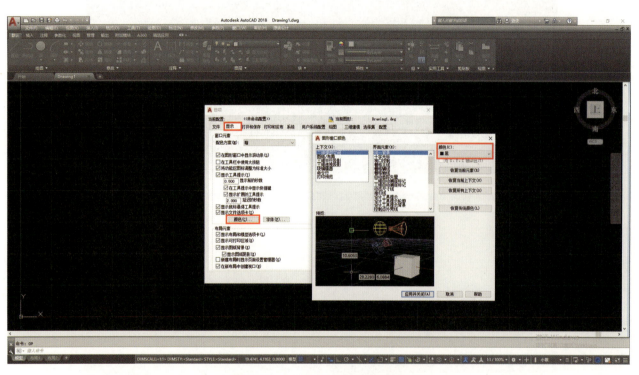

图2.1.13　AutoCAD "显示"选项卡

调整十字光标大小

在"选项"对话框中选择"显示"选项卡，右边下方即可看到十字光标大小的调整栏。拖动蓝色的矩形图标可以将十字光标的长度增加或减少，当十字光标大小为100时，十字光标的两条线将布满整个绘图区域（图2.1.14）。

调整自动捕捉标记和靶框大小

在对话框中选择"绘图"选项卡，即可看到自动捕捉标记大小和靶框大小的调整栏。拖动蓝色的图标可以增加或减小自动捕捉标记和十字光标内靶框的尺寸（图2.1.15）。

调整保存文件版本

AutoCAD保存图形文件默认格式为最新的图形文件格式。低版本的AutoCAD软件无法打开高版本保存的文件。如果图形文件需要发送给其他人看，而他们没有使用最新AutoCAD版本时，就无法打开文件，产生交流问题。因此，在实际工作中，使用者最好将AutoCAD保存文件格式改成较低版本，一般可以改成"AutoCAD2004图形（*.dwg）"。

在"选项"对话框中选择"打开与保存"选项卡，下方即可看到"文件保存"部分，下拉"另存为"菜单进行修改（图2.1.16）。

图 2.1.14　AutoCAD调整十字光标大小

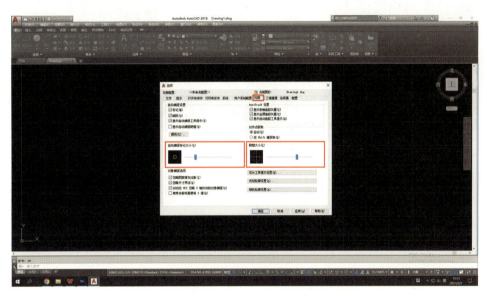

图 2.1.15　AutoCAD调整自动捕捉标记和靶框大小

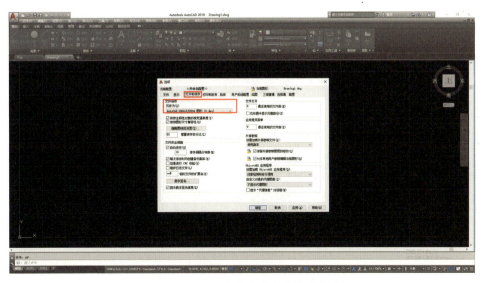

图 2.1.16　AutoCAD调整保存文件版本

2.1.2.2 自动保存和备份文件设置

由于AutoCAD软件占用内存较大,有时候在使用途中会出现卡顿情况。为确保文件安全,故需要设置自动保存和备份文件。

使用者可在"选项"对话框的"打开与保存"选项卡中创建备份文件。每次保存图形后,图形的早期版本将保存为具有相同名称但扩展名为.bak的文件,该文件和图形文件存在同一个文件夹中。

自动保存是指以指定的时间间隔自动保存当下的图形文件。开启该选项后,将以指定的时间间隔保存图形(图2.1.17)。正常情况下,自动保存文件会在关闭AutoCAD时自动删除,但出现断电或电脑故障时,这些文件不会删除。可在AutoCAD中找到恢复文件路径。通常建议设置时间为10～30 min。

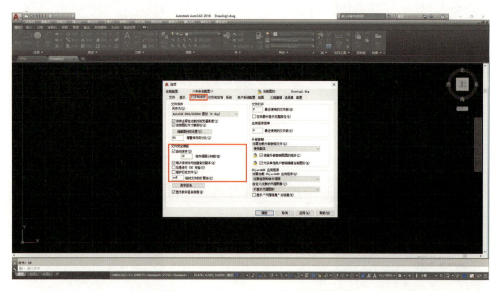

图2.1.17　AutoCAD文件安全设置

2.1.2.3 图形单位设置

开始绘图前,需要首先确定绘制单位的大小。创建的所有图形都是按照实际的尺寸进行绘制,因此图形单位一般为1 mm、1 cm、1 m等。

设置图形单位可以单击"格式"菜单中选择"单位"子菜单,在弹出的"图形单位"对话框即可进行单位长度、角度和插入比例等的设置。

也可通过键盘在英文状态下输入UN,再按回车键或空格键,调出"图形单位"对话框(图2.1.18)。

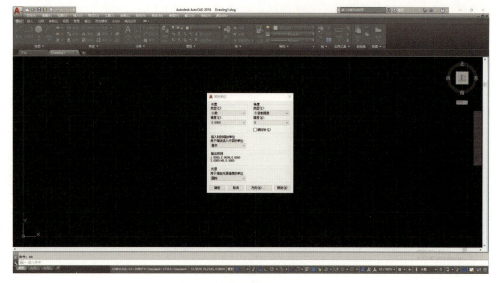

图2.1.18　调整单位标准

长度的设置一般设置为小数,长度精度数值为0。角度的类型一般采用十进制度数。插入比例是控制插入到当前图形中的块和图形的测量单位。如果块或图形创建时使用的单位与该选项指定的单位不同,则在插入图形时,将会对其按照比例缩放。

2.2　AutoCAD文件的新建、打开与保存

AutoCAD的基本操作方法与Windows Office软件类似。通过工具栏和快捷键的组合,可以完成最基本的操作。

2.2.1　新建AutoCAD文件

新建AutoCAD文件有两种方法。第一种方法是在AutoCAD新版本打开之后的界面左侧,在快速入门栏选择合适的文件形式(图2.2.1红框内)。

另外,可以在快速访问工具栏中找到新建AutoCAD文件的图标 🗋。

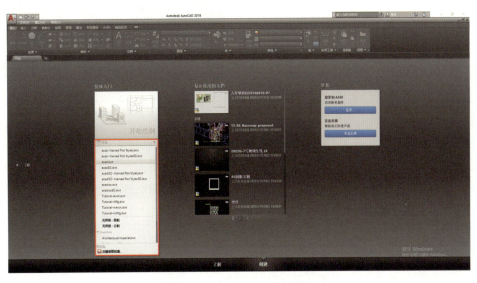

图2.2.1　AutoCAD打开界面

2.2.2　打开AutoCAD文件

打开AutoCAD文件也有两种方式。一种在进入开始界面后左侧下方有一个打开文件的选项,单击之后即弹出对话框,找到想要打开的文件即可(图2.2.2)。

图2.2.2　AutoCAD打开界面

在画图的过程中如果想要打开已有 AutoCAD 文件,有以下三种方法:

1. 使用快捷键 Ctrl+O;
2. 在 "文件" 菜单中选择 "打开" 选项;
3. 在快速访问工具栏选择打开的图标 📂。

2.2.3　保存 AutoCAD 文件

启动 AutoCAD 后,可以通过以下几种方式保存文件:

1. 使用 "Ctrl+S" 快捷键;
2. 在 "文件" 菜单中选择 "保存" 选项;
3. 在快速访问工具栏选择保存的图标 💾。

2.3　AutoCAD 图像界面的移动和缩放

在实际工作中运用 AutoCAD 时,鼠标是一个非常重要的操作工具。鼠标与键盘命令遥相呼应,右手使用鼠标,左手使用键盘,左右手配合工作,是设计师在工作状态下比较常用的画图方式。

当我们打开 AutoCAD 文件之后,有时在绘图界面出现的图像大小不符合使用者的视觉感受,需要进行调整。

如果想要将 AutoCAD 绘图界面的图像移动位置,此时可按下鼠标滚轮,绘图窗口的十字光标即可刻变为手的图标。拖动鼠标可将绘图界面的图像移动到任意想要的位置(图 2.3.1)。

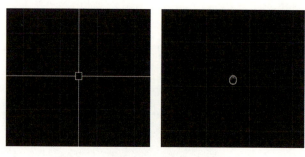

图 2.3.1　AutoCAD 鼠标显示的两种形式

如果想要将 AutoCAD 绘图界面的图像进行缩放,使用者可将鼠标中间的滚轮上拨或下拨。滚轮上拨,则图像会逐渐放大,滚轮下拨,则图像会逐渐减小(图 2.3.2)。

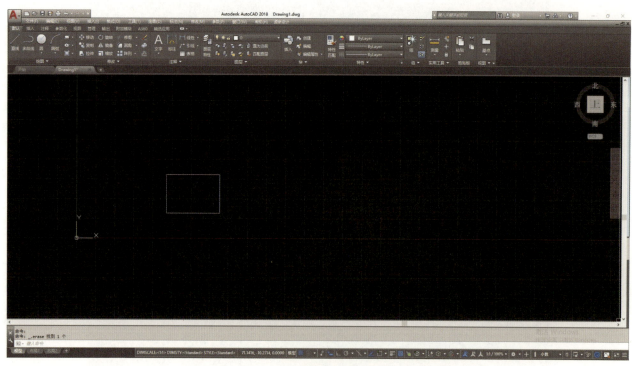

图 2.3.2 ①　AutoCAD 鼠标滚轮移动图像产生的变化

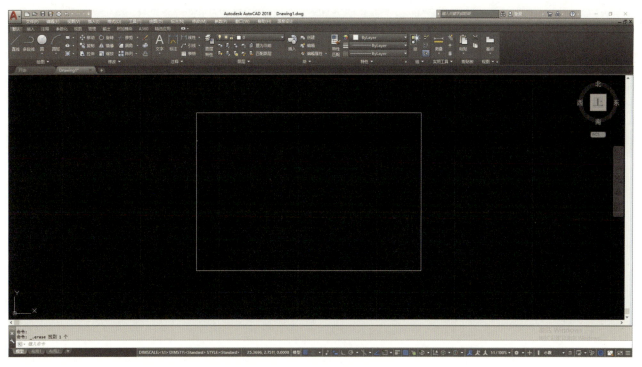

图 2.3.2② AutoCAD 鼠标滚轮移动图像产生的变化

　　有时候会遇到这样的情况：当使用者已经将鼠标滚轮上下拨到极限，但绘图界面的图像仍旧无法进一步缩放。这是因为 AutoCAD 在打开显示图纸时，首先会读取文件中的图形数据，然后生成用于屏幕显示的数据。当用滚轮放大或缩小到一定范围时，AutoCAD 会判断需要重新根据当前的视图范围来生成显示数据。此时可通过键盘输入 RE，再按回车键，绘图区域将进一步扩大或缩小。

　　如果想要显示图像的全图，可不用滚轮，直接键盘输入 ZOOM，按下回车键或空格键，然后再输入 E 或 A 即可。

2.4　AutoCAD辅助控制功能（扫二维码看操作视频）

　　AutoCAD 软件具有绘图的辅助控制功能，能帮助使用者更高效快速地完成绘图任务。AutoCAD 的辅助控制功能界面在状态栏中。

2.4.1　正交

　　正交模式可以约束十字光标在界面中以水平方向或者垂直方向进行移动。在正交模式下，光标移动限制在水平方向或者垂直方向（相对于当前 UCS 坐标系）。

　　在绘图和编辑过程中，可以随时打开或关闭正交模式（图 2.4.1）。输入坐标或指定对象捕捉时会忽略正交模式。可单击底部状态栏上的"正交模式"图标以启动或关闭正交模式，它的快捷键是 F8。

2.4.2　捕捉追踪

　　对象捕捉追踪是指可以按照指定的角度或与其他对象的特点关系绘制图形。自动追踪包括两个选项：极轴追踪和对象捕捉追踪。需要注意必须设置对象捕捉，才能从对象的捕捉点进行追踪（图 2.4.2），它的快捷键是 F3。

图 2.4.1　AutoCAD 正交模式图标

图 2.4.2　AutoCAD 捕捉追踪图标

常见二维对象捕捉方式有端点、中点、圆心等，在绘制图形时一定要掌握，可以精确定位绘图位置。常用的捕捉方法如下所述，可以通过点击捕捉追踪图标右边的倒三角弹出"设置"对话框（图 2.4.3）。

捕捉方式可以用于绘制图形时准确定位，使得所绘制图形快速定位于相应的位置点。

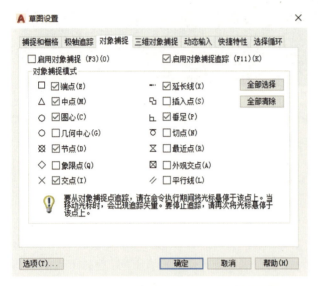

图 2.4.3　AutoCAD 捕捉追踪图标"设置"对话框

2.4.3　显示 / 隐藏线宽

在 AutoCAD 中绘制的所有线都可以调整它的宽度。但是有些时候使用者在绘图过程中如果把不同的宽度显示出来，可能会影响绘图效率。这时可以点击显示 / 隐藏线宽的图标，将绘图界面所有线的宽度先隐藏，使其在绘图窗口均显示为一样的线宽，等需要展示的时候再点击显示 / 隐藏线宽的图标，将其显示出来（图 2.4.4）。线的宽度在绘图窗口显示与否不影响最后打印出图的效果。

具体线宽的设置请参阅之后 2.7.2.3 图层线宽的内容。

如果在状态栏中没有找到线宽的图标，可以单击状态栏最右边的图标 ▤，再单击"线宽"，使其处于勾选状态。

2.4.4　控制重叠图形显示次序

重叠对象（例如文字、多段线、实体填充多边形）通常按其创建次序显示，新创建的对象显示在现有图像前面。可以使用 DRAWORDER 快捷键命

图 2.4.4　AutoCAD 显示 / 隐藏线宽图标

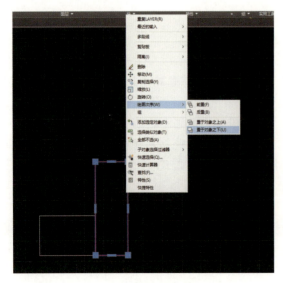

图 2.4.5　AutoCAD 控制重叠图形显示次序

令改变所有对象绘图次序（显示和打印次序），使用 TEXTTOFRONT 命令可以更改图形中所有文字和标注的绘图次序（图 2.4.5）。

依次单击图形对象，然后点击右键，弹出快捷菜单，选择"绘图次序"，再根据需要选择"置于对象之上"和"置于对象之下"等相应选项。

2.5　AutoCAD 命令操作（扫二维码看操作视频）

绘制图形需要快和准，要在既保持图形准确度的同时加快绘图速度。下面介绍一些 AutoCAD 不同命令的操作方法。

2.5.1　命令输入方式

AutoCAD是人机配合共同协作的软件。如果要完成绘图，需要输入不同的指令和参数。AutoCAD有多种命令输入方式。下面以绘制直线为例，介绍命令输入方式。

```
命令: L
LINE
指定第一个点:
指定下一点或 [放弃(U)]:
指定下一点或 [放弃(U)]:
```

```
命令: REC
RECTANG
指定第一个角点或 [倒角(C)/标高(E)/圆角(F)/厚度(T)/宽度(W)]:
指定另一个角点或 [面积(A)/尺寸(D)/旋转(R)]:
```

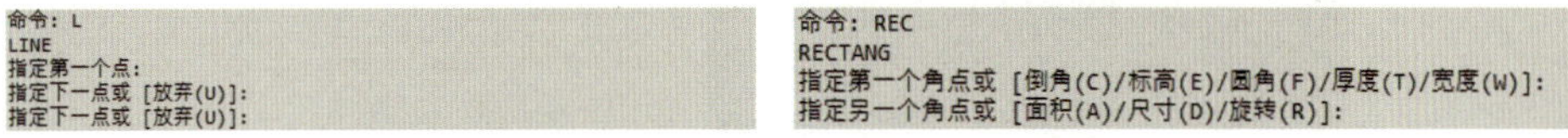

图2.5.1　AutoCAD命令栏命令形式

命令行中不带括号的选项为默认选项。例如直线命令中"指定下一个点或［放弃（U）］"中的"指定下一个点"），因此可以直接输入直线的起点坐标，或在绘图界面任意指定一点。

如果要选择其他选项，则应该首先输入该选项后面的快捷字符，例如"指定下一个点或［放弃（U）］"中"放弃"选项的"U"，然后再根据命令栏之后的指令进行下一步操作。

在命令选项后面有时会带有尖括号〈〉，尖括号内数值为默认数值（图2.5.1）。如果需要输入默认数值，直接按下回车键或空格键即可。

2. 在命令行输入命令的快捷键，如L（LINE）、C（CIRCLE）、M（MOVE）、REC（RECTANG）等。

3. 选择"绘图"菜单中对应的命令，在命令行窗口中可以看到对应的命令说明及命令名。

4. 单击"绘图"工具栏中对应的按钮，在命令行窗口中也可以看到对应的命令说明及命令名。

2.5.2　命令的重复、撤销和重做

在绘图过程中经常会重复使用相同的命令或者用错命令，下面介绍命令的重复、撤销和重做操作。

2.5.2.1　命令的重复

如果在前面刚使用过某一命令，需要重复刚才的操作，可以在绘图区右键单击，弹出快捷菜单，在"最近的输入"子菜单中选择需要的命令。

另一种方法是直接按回车键，即可调用上一命令，无论上一个命令是完成了还是被取消了。

2.5.2.2　命令的撤销

命令执行时任何时刻都可以取消或终止命令，在键盘上按Esc键即可。

1. 在命令行中输入命令名。

命令字符不需区分大小写。当输入命令之后，命令栏内会提示命令选项，使用者可根据命令选项进行下一步操作（图2.5.1）。

例如，绘制直线的命令字符为LINE。当键盘输入LINE，按下回车键或空格键后，命令行提示与操作为：

2.5.2.3　命令的重做

已被撤销的命令如要恢复重做，可以恢复撤销的最后一个命令，输入Ctrl+Y即可。

AutoCAD2018版本可以一次性执行多个放弃和重做操作。单击快速访问工具栏中的"放弃"按钮或"重做"按钮后面的下拉按钮，在弹出的下拉菜单中可以选择要放弃或重做的操作。

2.6　AutoCAD快捷键（扫二维码看操作视频）

在实际工作中，AutoCAD使用者需要高效的画图方法。因此，在输入各种绘图或编辑命令时，使用快捷键是非常必要的。在接下来的命令学习中，也将会向大家介绍每个命令的快捷键。掌握快捷键是学习AutoCAD必须的技巧之一。

2.6.1　查看AutoCAD快捷键

在AutoCAD画图时，很多命令的字母都是在右手打字区域，绘图者往往要低头将左手移动至右手区域按键，比较耽误工作时间，如果改为左手按快捷键，会大大增加工作效率。

在AutoCAD软件中是可以查看全部快捷键的。选择菜单栏中"工具"里面"自定义"的"编辑程序参数"，单击即可弹出一个记事本文件。下拉一段之后就能看到操作命令和相对应的快捷命令（图2.6.1）。

备注：AutoCAD的快捷键需要在电脑处于英文输入状态下使用，可以通过同时按住Ctrl和空格键切换中英文状态。

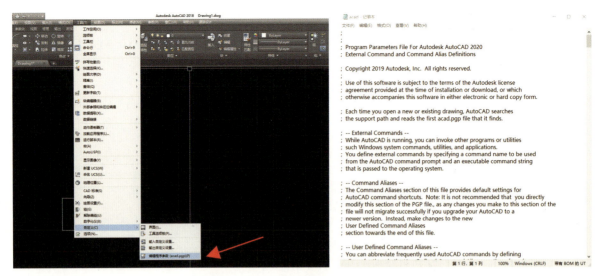

图 2.6.1　AutoCAD 查看所有快捷键命令

2.6.2　修改 AutoCAD 快捷键

当绘图者认为默认的快捷键不太适合自身工作需求时，也可以利用上述的记事本文件对快捷键进行修改。可直接在命令前修改快捷命令字母（图2.6.2）。

例如，在绘图时，复制的快捷键是CO，左手在键盘上输入时需要左右移动，会比较麻烦。常见的修改操作会将CO修改为CC，更加便于单手的操作。

更改完成后要进行保存（Ctrl+S）。然后返回AutoCAD主界面，输入REINIT，按下回车键或空格键，会出现"重新初始化"对话框，在"PGP文件"前打勾，单击确定，修改过程就完成了。

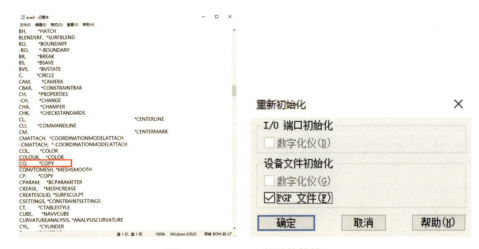

图 2.6.2　AutoCAD 修改快捷键

2.7　AutoCAD 图层介绍与设置（扫二维码看操作视频）

如果在AutoCAD中绘制的图形比较复杂，不同元素对象繁多，可使用图层（Layer）功能，提供不同的储存区域，就如同手工绘图中使用的重叠透明纸。每个图层都提供独立的图层名、线形、线宽、颜色、打印样式等特性，极大方便了图形的管理操作。

AutoCAD中图层的数量不受限制。

2.7.1　建立新图层

可以通过以下方法在AutoCAD建立新图层：
1. 在命令栏键盘输入快捷键LA，按下回车键或空格键；

2. 打开"格式"菜单中的"图层"命令；

3. 单击图层工具栏上的图层特性管理器图标 。

按照上述步骤操作后，系统会弹出"图层特性管理器"对话框。单击其中的"新建图层"按钮，在

当前图层选项区域下将以"图层1，图层2，……"的默认名称建立相应图层。

每一个文件都有一个默认的0图层，其名称不可更改，且不能删除。新建立的图层其他的参数可以修改（图2.7.1）。

图2.7.1　AutoCAD打开图层特性管理器

2.7.2　图层参数设置

使用者可以对AutoCAD图层如下属性参数进行编辑与修改。

2.7.2.1　图层名称

图层名称可以修改，最好改为简单明了的名称，

并能体现出位于该图层的图形的特点。打开图层特性管理器之后，单击要修改的图层名，再单击一次，就可以进行图层名称的修改。另外一个方法是，选中要修改的图层名，鼠标右键单击，选择重命名，也可修改图层名称（图2.7.2）。

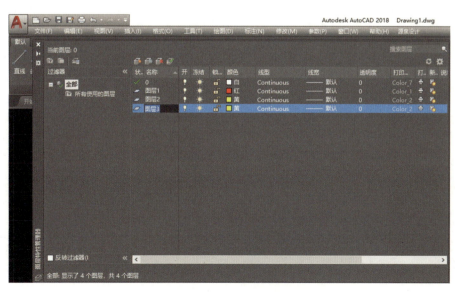

图2.7.2　AutoCAD修改图层名称

2.7.2.2　图层颜色

每个图层有其默认的图层颜色——白色,但是图层颜色可以随时进行修改。

打开图层特性管理器之后,单击各个图层的颜色栏,即可弹出修改颜色的对话框进行修改(图2.7.3)。

图层的颜色区分还有一个重要的作用,就是在最终打印输出时,可以进行打印线型的粗细管理。在实际工作中,即使是单色打印,也需要区分颜色,方便针对不同颜色设置打印管理样式。该内容在模块七会有详细介绍。

2.7.2.3　图层线宽

与修改图层颜色类似,每个图层有其默认的图层线宽,也可以进行修改。

打开图层特性管理器之后,单击各个图层的线宽栏,即可弹出修改线宽的对话框进行修改(图2.7.4)。

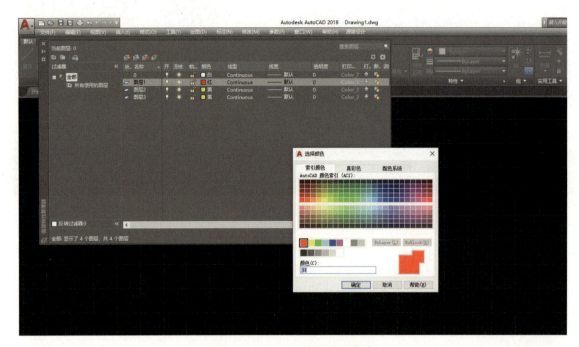

图2.7.3　AutoCAD修改图层颜色

图2.7.4　AutoCAD修改图层线宽

新的AutoCAD文件打开时,都有自己的默认线宽。一般来说,默认线宽为0.25 mm。

如果想要修改默认线宽,可以在键盘中输入快捷键LW,按回车键或空格键,打开"线宽设置"对话框,在"默认"右边的下拉菜单选择想要更改的线宽数值,再点击确定(图2.7.5)。

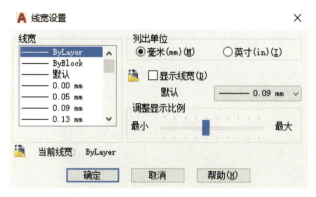

图2.7.5　AutoCAD "线宽设置" 对话框

2.7.2.4　图层线型

与修改图层颜色、图层线宽类似,每个图层有其默认的图层线型——实线(Continuous),线型也可以进行修改。

打开图层特性管理器之后,单击各个图层的线型栏,即可弹出"选择线型"的对话框(图2.7.6)。

图2.7.6　AutoCAD "选择线型" 对话框

默认的"选择线型"对话框只有实线一种线型,但是实际上AutoCAD软件本身提供了很多不同的线型。如果想调取其他线型,需要单击"加载",会弹出"加载或重载线型"对话框(图2.7.7)。

图2.7.7　AutoCAD "加载或重载线型" 对话框

这个对话框中,展现了包括虚线、点画线、点虚线等不同形式的线条。点击需要使用的线型,单击"确定",该线型就会进入"选择线型"对话框。再点击该线型,单击"确定",选择的线型就会成为图层的当前线型。

如果设置的特殊线型,比如虚线、点画线,设置完毕后的线型改变不太明显,是因为该线型的线型比例太小。此时需要单击选中该线,右键点击"特性",调出"特性"管理栏(图2.7.8),在其中的"线型比例"处,将默认的1改为较大数字,比如5、10等,则该线型的样式会变得更加明显。

图2.7.8　AutoCAD "特性" 管理栏

2.7.2.5 设置为当前图层

当前图层是指正在进行图形绘制的工作图层，在此状态下所绘制的图形将存放在当前图层中。

因此，要绘制某类图形对象元素时，最好先将该类图形对象元素的图层设置为当前图层。当前图层的名称前面会有一个绿色的勾（图2.7.9）。

图2.7.9　AutoCAD当前图层形式

打开图层特性管理器之后，单击要设置为当前图层的图层，再单击"置为当前"按钮，该图层即为当前图层。

双击某个图层名称，也可将其设置为当前图层。

2.7.2.5 删除图层

删除某图层前，必须先将该图层内的所有图形删除干净或转移至其他图层后，才能将整个图层删除。

图层上的所有图形删除干净后，打开图层特性管理器，选中要删除的图层，点击图层栏上方的删除按钮，即可将图层删除（图2.7.10）。

备注：AutoCAD软件自带的0图层和Defpoints图层无法删除。

图2.7.10　AutoCAD删除图层图标

2.7.2.6 隐藏图层

隐藏图层是指将该图层上的所有元素隐藏，不在屏幕上显示出来，但该图层的图像元素还是在文件中。

打开图层特性管理器，单击要隐藏的图层，点击图层中的灯泡图标，当灯泡图标变灰，即表示该图层包含的所有图像已被隐藏。再次单击灯泡图标，则图层恢复显示（图2.7.11）。

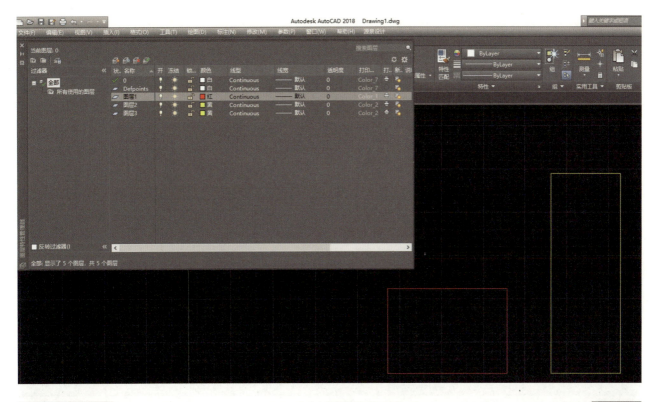

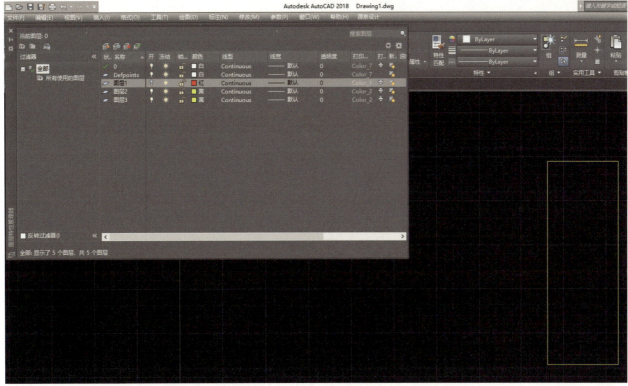

图 2.7.11 AutoCAD 隐藏图层

2.7.2.7 锁定和冻结图层

锁定图层是指将该图层上的所有元素进行锁定，不能对其进行编辑处理，但元素在屏幕上还是会以暗色显示。冻结图层是指将该图层上所有元素既隐藏起来，又不能进行编辑处理。

打开图层特性管理器，单击要锁定的图层，点击图层中锁的图标，当锁的图标开口闭合后，即表示该图层已锁定（图2.7.12）。

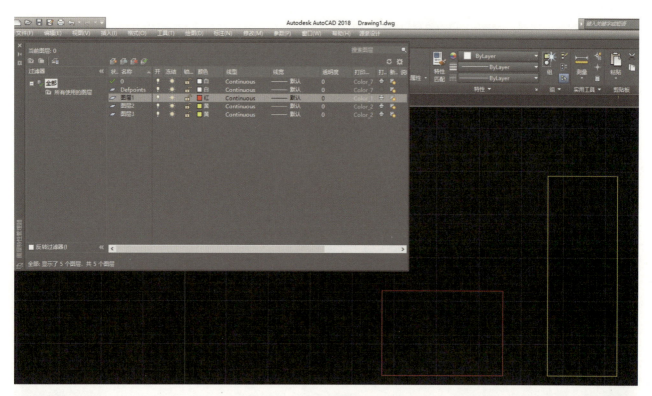

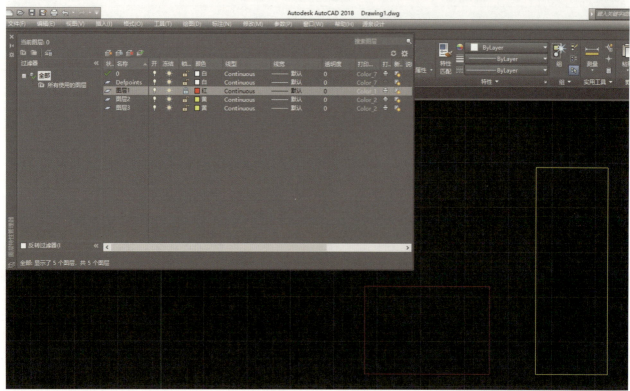

图2.7.12 AutoCAD图层锁定

　　想要冻结某个图层,则可单击要冻结的图层,点击太阳图标,当图标改变形状并变灰之后,即表示该图层已被冻结。要注意的是当前图层不能进行冻结处理(图2.7.13)。

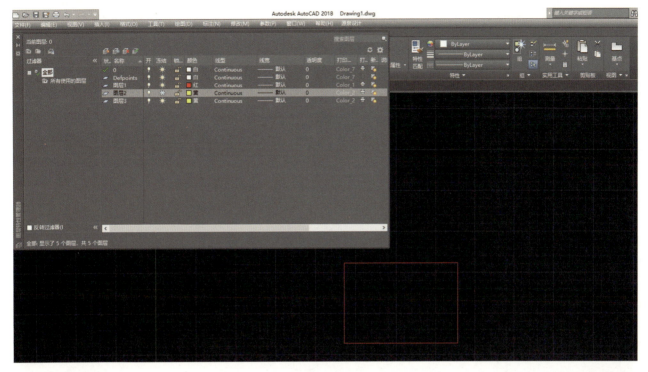

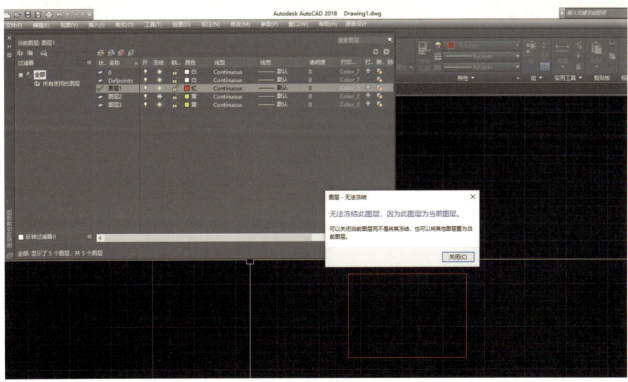

图 2.7.13　AutoCAD 图层冻结

　　备注: 关于图层的几个常用快捷键:

　　1. layiso 隐藏或锁定除选定对象所在图层外的所有图层;

　　2. layon 打开图形中的所有图层;

　　3. layoff 关闭选定对象所在的图层。

 模块小结

　　通过本模块的学习，使读者对AutoCAD的基础知识有了深入理解，熟练掌握AutoCAD的操作界面、绘图操作系统的基本设置、图层设置管理以及命令的执行方式等知识，为之后软件的绘图命令的学习打下基础。

模块实训（扫二维码看操作视频）

　　1. 将绘图窗口的颜色改成白色，将十字光标的大小改成100%。

　　2. 新建一个图形文件，给它增加三个图层，命名为01、02、03，图层的颜色分别改成红色、黄色和蓝色，将02图层的线宽改成0.40 mm，将03图层的线型改为点画线。

绘制精细图形——AutoCAD基本绘图命令

学习目标

　　本模块开始学习AutoCAD基本图形的绘图命令，包括点和直线、弧线、曲线等各种形态线条绘图；矩形、圆形、多边形、云线等各种规则或不规则图形绘图。通过本模块的学习，读者可以熟悉AutoCAD基本绘图命令，通过使用绘图命令，能够绘制较复杂精细的图形。

能力训练

　　1. 熟练使用线与点类命令绘制标高；
　　2. 熟练使用圆弧类命令绘制圆亭平面；
　　3. 熟练使用多边形命令绘制石墩平面；
　　4. 熟练使用云线命令绘制灌木植被。

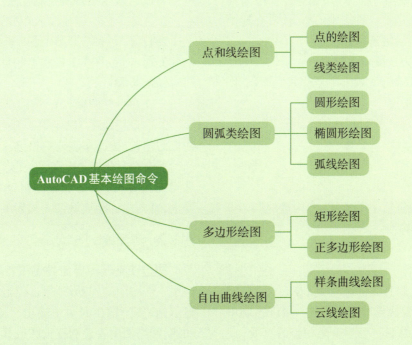

3.1 点和线的绘图

在设计构成当中,点和线是最基本的图形元素。其中线的绘图包括直线、多段线、曲线、弧线等多种形式。

3.1.1 点的绘图

点是园林设计中最重要也是最基础的组成元素。点可以作为捕捉对象的节点。点在AutoCAD中的绘制命令为POINT(快捷键:PO)。

可以通过以下方法绘制点:

在命令栏中键盘输入PO,按回车键或空格键。

选择菜单栏"格式"选项中的点样式,可以改变点的形态。AutoCAD默认的点形态就是一个小点,如果这个点存在于直线中,是很难找到的。改变点样式之后,可以改为用其他符号来表示,例如一个圆形,或十字形,在屏幕中就能明显地看到该点所处的位置(图3.1.1)。

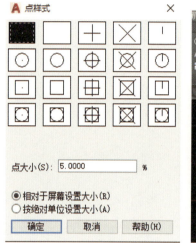

图3.1.1 点样式设置

点的功能一般不单独使用,常常在进行线段划分时作为划分标记使用。在作为标记使用时,可先将点样式进行修改,改变点的表现形态,使其在绘图界面中变得明显之后,再进行划分。

可以通过以下方法编辑点样式:

1. 打开"格式"菜单栏中的"点样式"命令,即可弹出点样式对话框。

2. 单击"实用工具"工具栏中的"点样式"命令。

3.1.2 线类绘图

线类绘图命令包括了"直线"、"构造线"、"多段线"和"多线"等命令。

3.1.2.1 直线绘图

AutoCAD中绘制直线的命令是LINE。绘制时一般直接在屏幕上鼠标点取端点位置。可以绘制单独的直线或者连续绘制一系列首尾相连的直线,此时每个直线都成为一个独立的对象。

可以通过以下方法绘制直线:

1. 在命令栏中键盘输入LINE(快捷键:L);

2. 打开"绘图"菜单中的"直线"命令;

3. 单击"绘图"工具栏上的直线图标 ◢。

绘制步骤:

1. 在命令栏中输入L,按回车键或空格键。

2. 命令栏出现"指定第一个点"后,点击绘制第一点的位置,按回车键或空格键。

3. 命令栏出现"指定下一点"后,点击绘制另一端点的位置,按回车键或空格键(如果有具体距离要求,就先输入距离数值再按键),此时绘制完成。

3.1.2.2 构造线绘图

构造线是绘图界面内无限长度的直线,可以模拟手工作图中的辅助作图线。构造线用特殊的线型显示,在图形输出时可不输出。构造线可以作为辅助线,帮助使用者绘制三视图或其他图像。

可以通过以下方法绘制构造线：

1. 在命令栏中键盘输入XLINE（快捷键：XL）；

2. 打开"绘图"菜单中的"构造线"命令；

3. 单击绘图工具栏上的构造线图标 ✕✚。

绘制步骤：

1. 在命令栏中输入XL，按回车键或空格键。

2. 命令栏出现"指定点或［水平（H）垂直（V）角度（A）二等分（B）偏移（O）］"，点击第一点的位置后，按回车键或空格键。

3. 命令栏出现"指定通过点"后，点击绘制另一点的位置后，按回车键或空格键，绘制完成。

备注： 在输入命令之后，可以根据命令行提示，输入不同字母直接绘制水平构造线（H）、垂直构造线（V），或者特定角度的构造线（A）。

3.1.2.3　多段线绘图

在画图中，多段线也是一种经常会使用的直线类型。多段线是一种由线段和圆弧组合而成、不同线宽的多线。它自身组合的多样性使得其更适合绘制较为复杂的图形轮廓。它可以连续绘制一系列直线，所有的直线成为同一个对象。

可以通过以下方法绘制多段线：

1. 在命令栏中键盘输入PLINE（快捷键：PL）；

2. 打开"绘图"菜单中的"多段线"命令；

3. 单击绘图工具栏上的多段线图标 ⊃。

绘制步骤：

1. 在命令栏中输入PL，按回车键或空格键。

2. 命令栏出现"指定起点"后，点击绘制第一点的位置，按回车键或空格键。

3. 命令栏出现"指定下一个点或［圆弧（A）半宽（H）长度（L）放弃（U）宽度（W）]"后，点击绘制其余点的位置，按回车键或空格键，绘制完成。

备注： 在绘制第一个点之前，可以根据命令行提示，修改多段线的形式，改变其宽度（W），或调整至圆弧（A）。多段线的默认线宽为0，起点宽度和终点宽度可以不同。

案例轻松学 绘制标高符号（图3.1.2，扫二维码看操作视频）

图3.1.2　标高符号

步骤点拨：

1. 打开正交命令（快捷键为F8），使用直线命令绘制水平直线；

2. 关闭正交命令，使用直线命令绘制两条斜线。

备注： 有些笔记本电脑按下F8之后会跳出连接投影仪的选项对话框（图3.1.3）。这是因为生产厂商直接将Fn键锁定，只要同时按住Fn和F8两个键就可以切换正交状态。

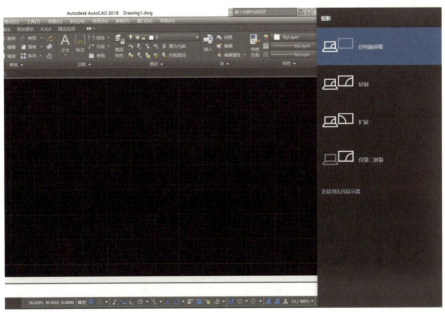

图3.1.3　显示投影仪对话框

3.1.2.4 多线绘图

多线是一种复合线,通常是两条线,由连续的直线段复合组成。运用多线可以提高画图效率,保证图线之间的统一性。

可以通过以下方法绘制多线:

1. 在命令栏中键盘输入 MLINE(快捷键:ML);
2. 打开"绘图"菜单栏中的"多线"命令。

绘制步骤:

1. 在命令栏中输入 ML,按回车键或空格键。

2. 命令栏出现"指定起点或[对正(J)比例(S)样式(ST)]"后,点击绘制第一点的位置,按回车键或空格键。

3. 命令栏出现"指定下一点"后,点击绘制其余点的位置,按回车键或空格键,绘制完成。

> **备注:**在输入绘制多线命令快捷键后,先通过命令栏里的不同选项进行设置,再进行画图。其中"对正(J)"表示画图时以哪条线为基准,"比例(S)"表示双线之间的距离。

多线绘制完毕后,如遇到交叉的多线,中间的交点处有时候需要重新编辑修改。此时可以使用"多线编辑"命令进行修改。

可以通过输入快捷键"MLEDIT"打开多线编辑工具对话框(图3.1.4)。界面中有若干种多线交叉部分的表现形式。选择需要对交点处进行的操作,单击之后将返回绘图界面,在需要修改处单击即可。

图3.1.4 AutoCAD"多线编辑工具"对话框

案例轻松学 绘制道路路口(图3.1.5,扫二维码看操作视频)

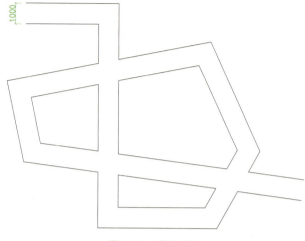

图3.1.5 道路路口

步骤点拨:

1. 通过命令输入多线命令,比例设置为1 000(恰好为道路的宽度);

2. 多线完成后,打开"多线编辑"命令修改路口交叉部分的形式。

3.2 圆弧类绘图

圆弧类图形包括圆、椭圆、圆弧、椭圆弧线、圆环、样条曲线等形式。这一节将学习不同圆弧类图形的绘图方法。

3.2.1 圆形绘图

圆形绘图包含圆形绘图和圆环绘图。

3.2.1.1 圆形绘图

可以通过以下方法绘制圆形:

1. 在命令栏中键盘输入 CIRCLE(快捷键:C);
2. 打开"绘图"菜单中的"圆"命令;
3. 单击绘图工具栏上圆的图标 ●。

绘制步骤:

1. 在命令栏中输入C,按回车键或空格键。

2. 命令栏出现"指定圆心或[三点(3P)两点(2P)切点、切点、半径(T)]"后,选择并点击圆心所在的位置,按回车键或空格键。

3. 命令栏出现"指定圆的半径或[直径(D)]"

后,输入数据,按回车键或空格键,绘制完成。

> **备注:** 点击圆心后,可输入D,此时命令栏会变成"指定圆的直径",输入直径数值,即得到相应的圆形。

案例轻松学 绘制圆亭平面图(图3.2.1,扫二维码看操作视频)

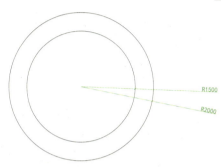

图3.2.1　圆亭平面图

步骤点拨:

1. 使用圆命令,绘制半径为1500的圆;

2. 打开对象捕捉命令,在同一个圆心的位置,绘制半径为2000的圆。

> **备注:** 绘制之前,需要把对象捕捉中的圆心勾选,当鼠标放置在圆线上时,即出现圆心位置。

3.2.1.2　圆环绘图

可以通过以下方法绘制圆环:

1. 在命令栏中键盘输入DONUT(快捷键:DO);

2. 打开"绘图"菜单中的"圆环"命令;

3. 单击绘图工具栏上圆环的图标 ◉。

绘制步骤:

1. 在命令栏中输入DO,按回车键或空格键。

2. 命令栏出现"指定圆环的内径"后,输入圆环内径的数据,按回车键或空格键。

3. 命令栏出现"指定圆环的外径"后,输入圆环外径的数据,按回车键或空格键。

4. 命令栏出现"指定圆环的中心点"后,点击所画圆环的中心点位置,按回车键或空格键。

5. 可继续指定圆环的中心点画相同内外径的圆环或按回车键或空格键,绘制完成。

> **备注:**
>
> 1. 若指定内径为零,则会绘制出实心填充的圆。

2. 如果需要画出非实心的圆环,则先输入命令"fillmode",按回车键后输入0,再按回车键之后,即可画出非实心的圆环。

3.2.2　椭圆形绘图

可以通过以下方法绘制椭圆:

1. 在命令栏中键盘输入ELLIPSE(快捷键:ELL);

2. 打开"绘图"菜单中的"椭圆"命令;

3. 单击绘图工具栏上椭圆的图标 ⬭。

绘制步骤:

1. 在命令栏中输入ELL,按回车键或空格键。

2. 命令栏出现"指定椭圆的轴端点"后,点击椭圆中轴第一点所在的位置,按回车键或空格键。

3. 命令栏出现"指定轴的另一端点"后,点击椭圆中轴另一点所在的位置,或者直接输入该轴的长度尺寸,按回车键或空格键。

4. 命令栏出现"指定另一条半轴长度"后,输入另一条椭圆轴的半径数据,按回车键或空格键,绘制完成。

3.2.3　弧线绘图

可以通过以下方法绘制圆弧:

1. 在命令栏中键盘输入ARC(快捷键:A);

2. 打开"绘图"菜单中的"圆弧"命令;

3. 单击绘图工具栏上圆弧的图标 ◞。

绘制步骤:

1. 在命令栏中输入A,按回车键或空格键。

2. 命令栏出现"指定圆弧起点或[圆心(C)]"后,点击圆弧第一点,按回车键或空格键。

3. 命令栏出现"指定圆弧的第二个点或[圆心(C)端点(E)]"后,指定圆弧第二个点,按回车键或空格键。

4. 命令栏出现"指定圆弧的端点"后,确定圆弧第三个点,按回车键或空格键,绘制完成。

> **备注:** 圆弧的绘制方式有十余种,可通过确定圆心和圆弧上的若干点完成绘制,也可通过圆弧上三个不同的点完成绘制(图3.2.2)。
>
> 根据实践经验,常见的绘制方法有"三点"确定圆弧、"起点、端点、角度"确定圆弧、"圆心、起点、角度"确定圆弧、"起点、端点、半径"确定圆弧,可以有重点地进行学习掌握。

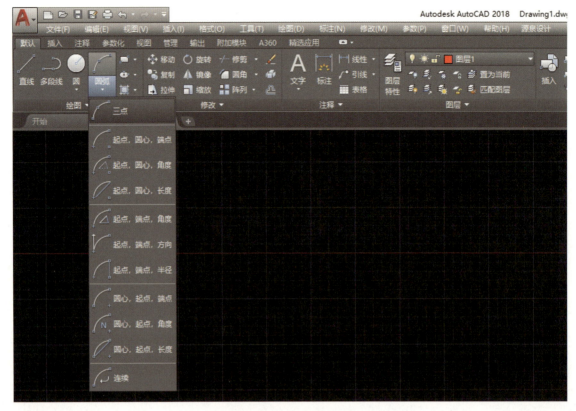

图3.2.2　圆弧绘制方法

案例轻松学 平台平面图（图3.2.3，扫二维码看操作视频）

图3.2.3　平台平面图

步骤点拨：

1. 先根据所标尺寸，绘制左边、下面和右边的三条直线。

2. 打开对象捕捉，从下边直线的中点开始向上绘制长度600的直线，作为辅助线。

3. 以三条竖直直线的顶点作为三个弧线的定位点，绘制圆弧，然后删除辅助线。

3.3　多边形绘图

多边形主要包括矩形命令和正多边形命令。

3.3.1　矩形绘图

可以通过以下方法绘制任意矩形：

1. 在命令栏中键盘输入RECTAN（快捷键：REC）；

2. 打开"绘图"菜单中的"矩形"命令；

3. 单击绘图工具栏上矩形的图标 。

绘制步骤：

1. 在命令栏中输入REC，按回车键或空格键。

2. 命令栏出现"指定第一个角点"后，点击矩形第一点，按回车键或空格键；

3. 命令栏出现"指定另一个角点或［面积（A）尺寸（D）旋转（R）］"后，指定第二个点，绘制完成。

如果已知矩形尺寸，绘制图形步骤如下：

前2个步骤同前1、2。

3. 命令栏出现"指定另一个角点或［面积（A）尺寸（D）旋转（R）］"后，输入D，按回车键或空格键；

4. 命令栏出现"指定矩形的长度"时，输入长度尺寸；命令栏出现"指定矩形的宽度"时，输入宽度尺寸，按回车键或空格键；

5. 最后单击确定矩形另一点位置，绘制完成。

 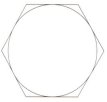

案例轻松学 石墩平面图（图3.3.1，扫二维码看操作视频）

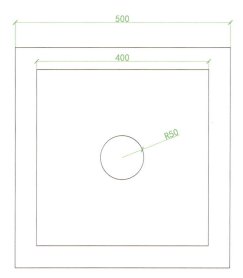

图3.3.1　石墩平面图

图3.3.2　圆半径相同，内切于圆和外接于圆的六边形

案例轻松学 栏杆平面图（图3.3.3，扫二维码看操作视频）

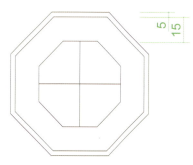

图3.3.3　栏杆平面图

步骤点拨：

1. 通过矩形命令画出边长400的正方形；

2. 打开对象捕捉，通过边长中点先往外侧画长度为50的直线，通过直线命令完成外圈正方形的绘制；

3. 画一条对角线作为辅助线，以中点为圆心，通过圆命令画出圆形。

3.3.2　正多边形绘图

可以通过以下方法绘制矩形：

1. 在命令栏中键盘输入POLYGON（快捷键：POL）；

2. 打开"绘图"菜单中的"正多边形"命令；

3. 单击绘图工具栏上正多边形的图标 ⬠。

绘制步骤：

1. 在命令栏中输入POL，按回车键或空格键。

2. 命令栏出现"输入侧面数"后，输入绘制多边形的边数，默认值是4，按回车键或空格键。

3. 命令栏出现"指定正多边形的中心点"后，点击多边形的中心点位置，按回车键或空格键。

4. 命令栏出现"内接于圆（I）外切于圆（C）"后，输入字母。其中，I表示正多边形内接于圆，C表示正多边形外接于圆，按回车键或空格键（图3.3.2）。

5. 命令栏出现"指定圆的半径"后，输入半径数值，按回车键或空格键，绘制完成。

步骤点拨：

1. 打开捕捉命令，使用多边形命令，画出三个正八边形（最外侧的正八边形外切于圆，圆的半径为50，其他正八边形的圆半径通过标注数值以此类推）。如果后面绘制的正八边形无法选中外切圆圆心，可先绘制一条正八边形的对角线作为辅助线，中点即为圆心。三个正八边形的外切圆圆心需要重合。

2. 通过直线命令，在里圈的八边形中线画出交叉直线。

3.4　自由曲线绘图

3.4.1　样条曲线绘图

当绘制的弧线需要比较自由的形态时，可以通过样条曲线来绘制。样条曲线既可以完成不封闭曲线，也可以完成封闭曲线。

可以通过以下方法绘制样条曲线：

1. 在命令栏中键盘输入SPLINE（快捷键：SPL）；

2. 打开"绘图"菜单中的"样条曲线"命令；

3. 单击绘图工具栏上样条曲线的图标 🗲。

绘制步骤：

1. 在命令栏中输入SPL，按回车键或空格键。

2. 命令栏出现"指定第一个点或［方式（M）］［节点（K）］［对象（O）］"后,点击样条曲线第一点。

3. 命令栏出现"输入下一个点或［起点切向（T）公差（L）］"后,指定曲线的第二个点,并以此类推。

4. 当准备结束画图时,按键盘的C键,再按回车键或空格键即可。

案例轻松学 自然水系平面图(图3.4.1,扫二维码看操作视频)

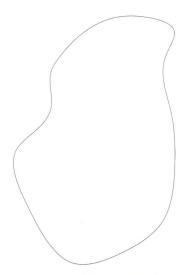

图3.4.1 自然水系平面图

步骤点拨:

根据所给样式,通过样条曲线命令(快捷键:SPL),绘制一个封闭的样条曲线图形。

3.4.2 云线绘图

云线是指由不同大小的连续圆弧线组成的图形。在景观设计图纸中可以用来表示灌木等大面积覆盖地面的植物。画云线的时候可将屏幕中已有的图形对象转换成云线,或者直接移动十字光标绘制云线。

可以通过以下方法绘制云线:

1. 在命令栏中键盘输入REVCLOUD(快捷键:REVC);

2. 打开"绘图"菜单中的"修订云线"命令;

3. 单击绘图工具栏上修订云线的图标 ▣。

将已有图形对象转换成云线绘制步骤:

1. 在命令栏中输入REVC,按回车键或空格键。

2. 命令栏出现"指定第一个角点或［弧长（A）对象（O）矩形（R）多边形（P）徒手画（F）样式（S）修改（M）］"后,点击A,按回车键或空格键。

3. 命令栏出现"指定最小弧长"后,输入最小弧长数据,按回车键或空格键。

4. 命令栏出现"指定最大弧长"后,输入最大弧长数据(注意最大弧长不能超过最小弧长的三倍),按回车键或空格键。

5. 命令栏再次出现"指定第一个角点或［弧长（A）对象（O）矩形（R）多边形（P）徒手画（F）样式（S）修改（M）］"后,输入O,按回车键或空格键。

6. 命令栏出现"选择对象"后将十字光标移动到该图形对象上单击。

7. 此时图形将自动转换成云线形状,选择是否反转方向后任务完成。

通过鼠标徒手画云线绘制步骤:

前4个步骤同上。

5. 命令栏再次出现"指定第一个角点或［弧长（A）对象（O）矩形（R）多边形（P）徒手画（F）样式（S）修改（M）］"后,输入F,按回车键或空格键。

6. 按设计好的路径,移动十字光标完成绘图,选择是否反转方向后任务完成。

案例轻松学 灌木平面图(图3.4.2,扫二维码看操作视频)

图3.4.2 灌木平面图

步骤点拨:

(1) 输入REVC,打开云线命令,先输入A,指定最小弧长为100、最大弧长为300;

(2) 再输入F,使用徒手画形式,移动十字光标完成图像。

模块小结

通过本模块的学习，读者能够熟记直线类图形、多段线、各种正多边形或自由图形的绘制命令，并可以综合运用。

模块实训（扫二维码看操作视频）

任务1：绘制一个复合图形（图3.4.3）。

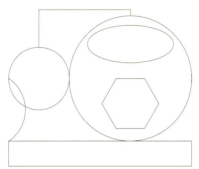

图3.4.3　复合图形

绘制前准备：

1. 确定坐标。

复合图形涉及数量较多图形的组合，在学习编辑命令之前，需要指定图形所在的位置。因此使用者在绘制不同图形时，首先要确定该图形的坐标。在以后的章节学习中，使用者也可以学习运用一些编辑命令来调整及确定图形的位置。

确定图形的坐标方法：在绘图步骤中，把单击图形位置的命令改为键盘输入图形在CAD坐标系当中的坐标数值。坐标值通常以(X, Y)的形式出现，前一个数值代表图形在X轴上的位置，后一个数值代表图形在Y轴上的位置。

当选择好绘制图形的命令，命令栏显示指定某点时，直接在键盘上输入X轴坐标值，输入完成之后按逗号键，X轴坐标值即锁定，随后输入Y轴坐标值后按回车键，点的位置即确定，图形即可完成。

绘制步骤：

1. 画两个圆。

键盘输入CIRCLE，在图中左处绘制中心点坐标为(550, 120)，半径为50的小圆；继续输入CIRCLE，在图中右处绘制中心点坐标为(700, 120)，半径为100的大圆，两个圆处于相切的位置。

2. 画大圆内图形。

首先画椭圆形。键盘输入ELLIPSE，当命令栏显示"指定椭圆的轴端点或［圆弧（A）中心点（C）］"时，输入C，按下回车键或空格键，输入坐标(700, 165)；当命令栏出现"显示轴的端点"时，将鼠标移至中心点的水平方向，输入70，按下回车键或空格键；当命令栏显示"指定另一条半轴长度"时，输入30，按回车键或空格键，椭圆形完成。

接下来画六边形。键盘输入POL，输入侧面数6，当命令栏显示"指定正多边形的中心点"时，输入坐标(700, 80)，输入选项选择"外切于圆（C）"，指定圆的半径输入40，按回车键或空格键，六边形完成。

3. 画矩形。

开启正交和对象捕捉状态。键盘输入REC，当显示"指定第一个脚点或［面积（A）/尺寸（D）/旋转（R）］"时，输入坐标(500, 20)，按回车键或空格键，命令栏将重新显示"指定第一个脚点或［面积（A）尺寸（D）旋转（R）］"，此时输入D，当显示"指定矩形的长度"时，输入300，显示"指定矩形的宽度"时，输入40，按回车键或空格键，矩形完成。

4. 画其余连接线。

首先画直线。键盘输入PL，显示"指定起点"时，输入坐标(550, 170)，长度输入60，再出现选择下一个点时，鼠标往水平方向右边稍微移动，输入150，再出现选择下一个点时，鼠标往竖直方向下边稍微移动，输入10，按回车键或空格键，再按一次回车键或空格键，直线完成。

5. 完成圆弧。

首先画一条辅助线，从矩形的左上角连接至小圆的圆心。之后键盘输入A，出现"指定圆弧的起点"时选择矩形左上角，出现"指定圆弧的第二个点"时选择辅助线与小圆的交点，出现"指定圆弧的端点"时选择小圆最左边的切点，按回车键或空格键，圆弧完成。

模块四
绘制园林小品——AutoCAD基本编辑命令

学习目标

本模块开始介绍AutoCAD软件的编辑命令。二维图形的编辑操作配合绘图命令的使用,可以进一步完成复杂图形对象的精细绘制工作,并可让使用者合理地安排和组织图形,提高绘图准确性,减少重复操作。

对编辑命令的熟练掌握和使用有助于提高设计和绘图的效率。

能力训练

1. 熟练使用选择类命令;
2. 熟练使用删除及恢复类命令;
3. 熟练使用复制类命令;
4. 熟练使用改变位置或几何特性类命令;
5. 熟练使用对象编辑命令。

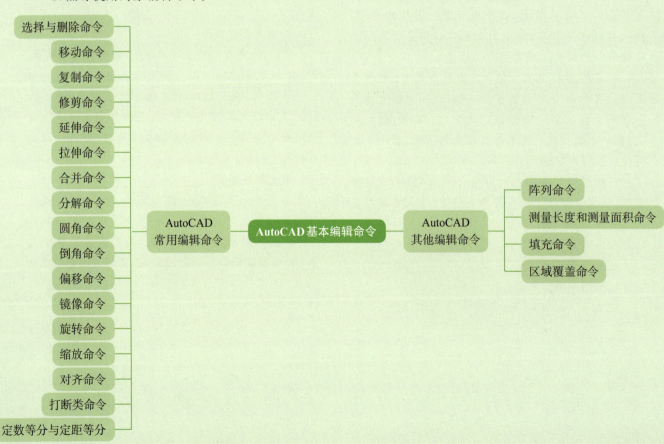

4.1 AutoCAD常用编辑命令

AutoCAD编辑命令可以配合绘图命令进一步完成较为复杂的图形的绘制,并可帮助使用者合理安排和组织图形,提高绘图效率和准确度。

4.1.1 选择与删除命令

选择图形对象是进行编辑命令的前提。在

AutoCAD中一般使用点取的方式选择对象。和拉动鼠标获得矩形图像类似,将鼠标在图像外左边某一点单击之后先松开,再将鼠标向右拖动,可形成一个蓝色的拾取框,完全包含在拾取框中的对象即被选中,并以高蓝亮度显示。再次单击,完成选取(图4.1.1)。

另外,AutoCAD还有另一种选择方式。按相同的方法从图像右侧往左边进行拖动,形成一个拾取框,此时完全包含在窗口中的对象以及与窗口相交的对象都会被选中。

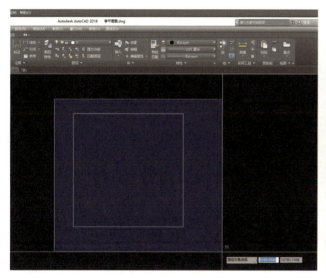
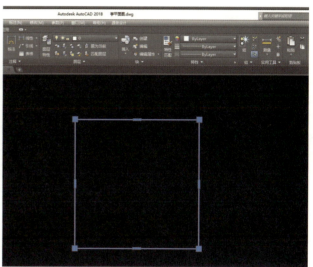

图4.1.1 AutoCAD选择图形对象

如果所绘制的图形不符合要求或者绘制出现错误,可以通过删除命令将图形删除。

可以通过以下方法删除图形:
1. 在命令栏中键盘输入ERASE;
2. 选中目标后,直接按下键盘的DELETE键。

> **备注:**用命令栏执行删除命令时,可以先选择对象,然后调用"删除"命令;也可以先调用"删除"命令,再选择对象。后续的编辑命令均同此理。
>
> 当选择多个对象时,多个对象都被同时删除;若选择的对象属于某个对象组,则该对象组所有对象都被同时删除。

4.1.2 移动命令

"移动"命令用于改变对象的位置,即在指定方

向上按照指定距离或指定地点移动对象,大小和方向不会发生偏移。

可以通过以下方法移动图形:
1. 在命令栏中键盘输入MOVE(快捷键:M);
2. 打开"修改"菜单中的"移动"命令;
3. 单击修改工具栏上移动的图标 ✥。

绘制步骤:
1. 在命令栏中键盘输入M,按回车键或空格键。
2. 命令栏出现"选择对象"后,选择需要移动的对象,按回车键或空格键。
3. 命令栏出现"指定基点或位移"后,单击图形中的某一点作为移动基点,此时即可将图形进行重定位。

如果图形移动有具体的距离,可在第三步时直接输入数值,按回车键或空格键,绘制完成(图4.1.2)。

图4.1.2　AutoCAD移动图形对象

4.1.3　复制命令

使用"复制"命令,可以从原对象以指定的角度和方向创建对象副本。AutoCAD复制默认的是多重复制,也就是选定图形并指定复制基点后,可以通过定位不同的目标点复制出多份。

因此,可以将"复制"命令视为增加个数的"移动"命令。

可以通过以下方法复制图形:

1. 在命令栏中键盘输入COPY(快捷键:CO);
2. 打开"修改"菜单中的"复制"命令;
3. 单击修改工具栏上复制的按钮 。

绘制步骤:

1. 在命令栏中输入CO,按回车键或空格键。

2. 命令栏出现"选择对象"后,选择需要移动的对象,按回车键或空格键。

3. 命令栏出现"指定基点或位移"后,单击图形中的某一点作为复制的基点,按回车键或空格键。

4. 单击绘图界面中任意一点作为新图形的位置基点,按回车键或空格键,绘制完成。

如果图形复制有具体的距离,可在第三步时直接输入数值,按回车键或空格键,绘制完成。

案例轻松学 桌椅组合(图4.1.3,扫二维码看操作视频)

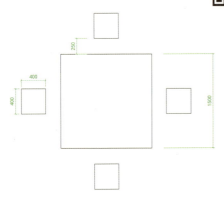

图4.1.3　AutoCAD绘制桌椅组合

步骤点拨:

1. 通过矩形命令,画出长度为1500的正方形作为桌子平面图;

2. 以每条桌子边长的中点作为起点,通过直线命令向外画长度为250的直线作为辅助线;

3. 其中一个直线终点作为凳子边长的中点,画出一个边长400的正方形作为椅子平面图;

4. 通过复制命令,复制其他三个椅子平面图,定位到各条直线中点,然后删除辅助线。

4.1.4　修剪命令(扫二维码看操作视频)

"修剪"命令可以将超出边界的多余图形部分修剪删除掉,与画图软件的橡皮擦的功能类似。修剪操作可以修改直线、圆、圆弧、多段线、样条曲线、射线和填充图案。

可以通过以下方法修剪图形:

1. 在命令栏中键盘输入TRIM(快捷键:TR);
2. 打开"修改"菜单中的"修剪"命令;
3. 单击修改工具栏上修剪的按钮 。

绘制步骤:

1. 在命令栏中输入TR,按回车键或空格键。

2. 命令栏的上面一行出现"选择剪切边…"后,首先选择剪切的边界线,选中边界线后,该直线会变蓝,命令栏会出现"找到1个",选择结束后,按回车键或空格键。

3. 命令栏出现"选择要修剪的对象,或按住Shift键选择要延伸的对象"后,单击图形中需要剪切的部分,按回车键或空格键,绘制完成(图4.1.4)。

备注:

1. 选择边界线时可以同时选择若干条,执行剪切命令时,只要选中与任何一条边界线相接触的线都会被剪切。

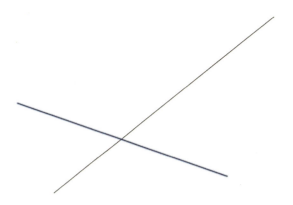
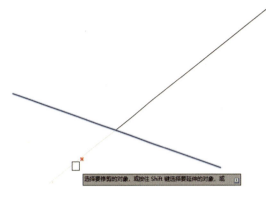

图4.1.4　AutoCAD剪切命令

2. 完整的直线无法执行修剪命令。修剪的对象须为直线中的一部分。

4.1.5　延伸命令（扫二维码看操作视频）

"延伸"命令是用于延伸一个对象，直至另一个对象的边界线，如图4.1.5所示。

可以通过以下方法延伸图形：

1. 在命令栏中键盘输入EXTEND（快捷键：EX）；

2. 打开"修改"菜单中的"延伸"命令；

3. 单击修改工具栏上延伸的按钮 ┳━/ 。

绘制步骤：

1. 在命令栏中输入EX，按回车键或空格键。

2. 命令栏的上面一行出现"选择边界的边…"后，选择延伸的边界线，选中边界线后，该直线会变蓝，命令栏会出现"找到1个"，选择结束后，按回车键或空格键。

3. 命令栏出现"选择要修剪的对象，或按住Shift键选择要修剪的对象"后，单击图形中需要延伸的部分，按回车键或空格键，绘制完成（图4.1.5）。

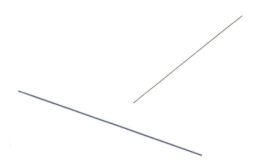

图4.1.5　AutoCAD延伸命令

备注：使用AutoCAD 2018版本及以上，执行"修剪"和"延伸"命令时，选择边界线之后，如果按住Shift键，再点击需要改变的图形，系统会自动将一个命令转换成另一个命令。

4.1.6　拉伸命令

"拉伸"命令用于拖拉选择的对象，使对象的形状发生改变。拉伸对象时，应指定拉伸的基点和位置移动点。利用一些辅助工具，比如捕捉、钳夹功能及相对坐标等，可提高拉伸的精度。

可以通过以下方法进行"拉伸"命令：

1. 在命令栏中键盘输入STRETCH（快捷键：S）；

2. 打开"修改"菜单中的"拉伸"命令；

3. 单击修改工具栏上拉伸的按钮 ▣ 。

绘图步骤：

1. 在命令栏中输入S，按回车键或空格键。

2. 当命令栏显示"选择对象"后，框选需要拉伸的部分，选完之后按回车键或空格键；

3. 当命令栏出现"指定基点或[位移（D）]"后，将需要拉伸的部分拉到指定的点或者输入拉伸的数值。

备注：选择拉伸的图形时，必须只框选需要拉伸的部分。如果是单击选择的图形，就会变成移动命令。

4.1.7 合并命令

"合并"命令可以将若干个直线、弧线、椭圆弧线和样条曲线等独立的对象合并成为一个对象。

可以通过以下方法进行"合并"命令：

1. 在命令栏中键盘输入 JOIN（快捷键：J）；

2. 打开"修改"菜单中的"合并"命令；

3. 单击修改工具栏上合并的按钮 ⊷。

绘制步骤：

1. 键盘输入 J，按回车键或空格键；

2. 命令栏出现"选择源对象或要一次合并的多

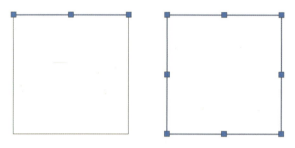

图 4.1.6 AutoCAD 合并命令

4.1.9 圆角命令

"圆角"命令是指用指定的半径生成一段平滑的圆弧来连接两个对象。系统规定可以用圆角连接一对直线段、非圆弧的多段线段、样条曲线、双向无限长线、射线、圆、圆弧和椭圆。可以在任何时刻圆滑连接非圆弧多段线的每个节点（图 4.1.8）。

图 4.1.8 AutoCAD 圆角命令

可以通过以下方法进行"圆角"命令：

1. 在命令栏中键盘输入 FILLET；

个对象"后，选择全部需要合并的对象，按回车键或空格键，绘制完成（图 4.1.6）。

4.1.8 分解命令

"分解"命令可以将选择的图形对象分解成一个个单独的对象。

可以通过以下方法进行"分解"命令：

1. 在命令栏中键盘输入 EXPLODE（快捷键：X）；

2. 打开"修改"菜单中的"分解"命令；

3. 单击修改工具栏上分解的按钮 ⊡。

绘制步骤：

1. 在命令栏中输入 X，按回车键或空格键；

2. 命令栏出现"选择对象"后，选择要分解的对象，按回车键或空格键，绘制完成（图 4.1.7）。

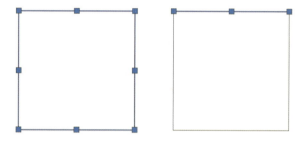

图 4.1.7 AutoCAD 分解命令

2. 打开"修改"菜单中的"圆角"命令；

3. 单击修改工具栏上圆角的按钮 ⊓。

绘制步骤：

1. 在命令栏中键盘输入 FILLET，按回车键或空格键；

2. 命令栏出现"选择第一个对象或［放弃（U）］［多段线（P）］［半径（R）］［多个（M）］"后，输入 R，按回车键或空格键；

3. 命令栏出现"指定圆角半径"后，输入圆角的半径，按回车键或空格键；如果有多个圆角需要完成，则继续输入 M，按回车键或空格键；

4. 命令栏出现"选择第一个对象或［放弃（U）］［多段线（P）］［半径（R）］［多个（M）］"后，单击圆角的第一条直线，再选择第二个对象，以此类推。

备注：平行线的倒圆角，会以两条平行线间的距离为直径，用半圆进行连接。

4.1.10　倒角命令

"倒角"命令是指用斜线连接两个不平行的线型对象。可以用斜线连接直线段、双向无限长线、射线和多段线（图4.1.9）。

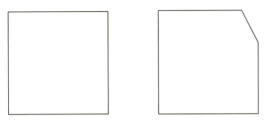

图4.1.9　AutoCAD倒角命令

可以通过以下方法进行"倒角"命令：

1. 在命令栏中键盘输入CHAMFER（快捷键CHA）；

2. 打开"修改"菜单中的"倒角"命令；

3. 单击修改工具栏上倒角的按钮▟。

绘制步骤：

1. 在命令栏中输入CHA，按回车键或空格键；

2. 命令栏出现"选择第一个对象或［放弃（U）］［多段线（P）］［距离（D）］［角度（A）］［修剪（T）］［方式（E）］［多个（M）］"后，输入D，按回车键或空格键；

3. 命令栏出现"指定第一个倒角距离"后，输入一个距离数值，按回车键或空格键；命令栏出现"指定第二个倒角距离"后，输入另一个距离数值，按回车键或空格键；如果有多个圆角需要完成，则继续输入M，按回车键或空格键；

4. 命令栏出现"选择第一个对象或［放弃（U）］［多段线（P）］［距离（D）］［角度（A）］［修剪（T）］［方式（E）］［多个（M）］"后，单击转换成倒角的第一条直线，再选择第二条直线。

> **备注**：输入的第一个倒角距离对应之后第一条单击的直线，第二个倒角距离对应第二条单击的直线。

案例轻松学　圆凳平面图（图4.1.10，扫二维码看操作视频）

图4.1.10　圆凳平面图

步骤点拨：

1. 打开捕捉命令，通过矩形命令，画出一个长度为800，宽度为400的矩形和另一个长度为200、宽度为400的矩形；

2. 使用圆角命令，设置圆角半径为40，将左侧矩形的左边两个角转换成圆角。

3. 使用倒角命令，设置距离1为40，距离2为80，先单击上方直线，再单击右侧直线将右侧矩形的右边两个角转换成倒角。

4.1.11　偏移命令

利用"偏移"命令，可以在保持所选对象形状不变的情况下，在不同的位置以不同的尺寸大小新建一个对象。

可以通过以下方法进行"偏移"命令：

1. 在命令栏中键盘输入OFFSET（快捷键：O）；

2. 打开"修改"菜单中的"偏移"命令；

3. 单击修改工具栏上偏移的按钮▣。

绘制步骤：

1. 在命令栏中输入O，按回车键或空格键；

2. 命令栏出现"指定偏移距离"后，输入偏移距离，按回车键或空格键；

3. 命令栏出现"选择要偏移的对象"后，单击需要偏移的对象，往需要偏移的方向单击。

案例轻松学　道路平面图（图4.1.11，扫二维码看操作视频）

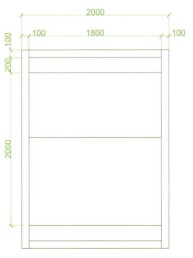

图4.1.11　道路平面图

步骤点拨：

1. 打开捕捉命令，通过直线命令，画出一个长度为2 000的水平直线；

2. 使用偏移命令,将该直线往同一方向分别偏移100,200,1000,1000,200,100;

3. 使用直线命令,以这些水平直线两侧的顶线和底线为端点绘制竖直直线;

4. 将竖直的直线分别向内偏移100;

5. 使用剪切命令,将两侧的两条竖向直线内的多余直线剪切完毕。

4.1.12 镜像命令

"镜像"命令可以将选择的对象以一条镜像线为对称轴进行镜像。镜像操作完成后,可以保留原对象,也可以将原对象删除(图4.1.12)。

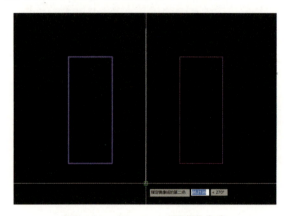

图4.1.12 AutoCAD "镜像" 命令

可以通过以下方法进行"镜像"命令:

1. 在命令栏中键盘输入MIRROR(快捷键:MI);

2. 打开"修改"菜单中的"镜像"命令;

3. 单击修改工具栏上镜像的按钮 。

绘制步骤:

1. 在命令栏中输入MI,按回车键或空格键;

2. 命令栏出现"选择对象"后,单击或框选需要镜像的图像,按回车键或空格键;

3. 命令栏出现"指定镜像线的第一点"后,单击镜像线的第一点,当命令栏出现"指定镜像线的第二点"后,单击镜像线的第二点;

4. 命令栏出现"要删除源对象吗?"后,选择是否删除原始对象,命令完成。

案例轻松学 座凳平面图(图4.1.13,扫二维码看操作视频)

步骤点拨:

1. 打开捕捉命令,通过矩形命令,画出一个长度为100、宽度为400的矩形;

2. 使用直线命令,在矩形右侧顶端画一条长度为700的直线;

3. 使用偏移命令,将该直线往下方分别偏移72,10,72,10,72,10,72,10,72;

4. 使用镜像命令,以上下两条直线的尾端为镜像点,往右侧做一个镜像。

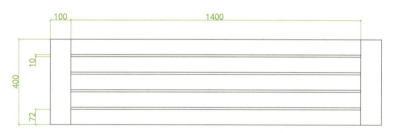

图4.1.13 座凳平面图

4.1.13 旋转命令

"旋转"命令用于在保持原形状不变的情况下以某一点为中心,旋转一定角度得到新的图形。

可以通过以下方法进行"旋转"命令:

1. 在命令栏中键盘输入ROTATE(快捷键:RO);

2. 打开"修改"菜单栏中的"旋转"命令;

3. 单击修改工具栏上旋转的按钮 。

绘制步骤:

1. 在命令栏中输入RO,按回车键或空格键;

2. 命令栏出现"选择对象"后,单击或框选需要旋转的图像,按回车键或空格键;

3. 命令栏出现"指定基点"后,单击旋转时的基点;

4. 当命令栏出现"指定旋转角度,或[复制(C)][参照(R)]"后,输入旋转角度或其他选项。

选项说明:

1. 复制(C):输入C,在旋转对象的同时,保留原对象。

2. 参照(R):输入R,在旋转对象的同时,命令栏显示:

"指定参照角〈0〉:(指定要参考的角度,默认值为0)"

"指定新角度:(输入旋转后的角度值)"

操作完毕后,对象被旋转至指定的角度位置。

案例轻松学 树木平面图(图4.1.14,扫二维码看操作视频)

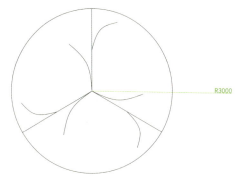

图4.1.14 树木平面图

步骤点拨:

1. 通过圆命令,画出一个半径为3 000的圆;

2. 打开对象捕捉,以圆心为起点画一条半径;通过样条曲线命令,画出这条半径两边的弧线;

3. 通过旋转命令,将三条线选中,选择圆心作为基点,输入C后,进行两次复制旋转,角度分别为120°和−120°。

4.1.14 缩放命令

"缩放"命令是将已有图形对象以某一个基点为参照进行等比例缩放,它可以调整对象的大小,使其在一个方向上按照要求增大或缩小一定的比例。

当缩放比例为1时,图像保持不变;缩放比例大于1,图像放大,缩放比例在0与1之间,图像缩小。

可以通过以下方法进行"缩放"命令:

1. 在命令栏中键盘输入SCALE(快捷键:SC);

2. 打开"修改"菜单中的"缩放"命令;

3. 单击修改工具栏上缩放的按钮 ▢。

绘制步骤:

1. 在命令栏中输入SC,按回车键或空格键;

2. 命令栏出现"选择对象"后,单击或框选需要缩放的图像,按回车键或空格键;

3. 命令栏出现"指定基点"后,单击缩放时的参照基点;

4. 当命令栏出现"指定比例因子或[复制(C)][参照(R)]"后,输入缩放比例或其他选项。

选项说明:

1. 复制(C):输入C,在缩放对象的同时,保留原对象。

2. 参照(R):输入R,在缩放对象的同时,命令栏显示:

"指定参照长度〈1〉:(指定参考长度值)"

"指定新的长度或[点(P)]〈1.000 0〉:(指定新长度值)"

若新长度值大于参考长度值,则为放大对象;反之,为缩小对象。操作完毕后,系统以指定的基点按指定的比例因子缩放对象。

如果选择"点(P)"选项,则接下来需要指定两点,以两点之间的距离来定义新的长度。

4.1.15 对齐命令(扫二维码看操作视频)

"对齐"命令是两个图形之间的命令,可以将对象与其他对象对齐。其本质是旋转加缩放的组合(图4.1.15)。

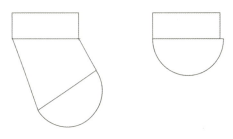

图4.1.15 AutoCAD对齐命令

可以通过以下方法进行"对齐"命令:

1. 在命令栏中键盘输入ALIGN(快捷键:AL);

2. 打开"修改"菜单中"三维操作"的"对齐"命令;

3. 单击修改工具栏上对齐的按钮 ▣。

绘制步骤:

1. 在命令栏中输入AL,按回车键或空格键,选择需要对齐的图形,按回车键或空格键;

2. 命令栏出现"指定第一个源点"后,单击该图形的其中一点;

3. 命令栏出现"指定第一个目标点"后,单击参照物体中与第一个源点相对应的点;

4. 命令栏出现"指定第二个源点"后,单击该图形的另外一点,按回车键或空格键;

5. 命令栏出现"指定第二个目标点"后,单击参照物体中与第二个源点相对应的点;如果两点可以确定对齐,就直接按回车键或空格键,如果还需要第三个点

去对齐,则继续点击,直到完成后按回车键或空格键;

6.当命令栏出现"是否基于对齐点缩放对象?〔是(Y)否(N)〕"时,按照实际要求进行选择,按回车键或空格键,绘制完成。

4.1.16 打断类命令(扫二维码看操作视频)

"打断"类命令就是将同一个对象打断成两个独立的部分。"打断"类命令包括"打断"命令和"打断于点"命令。

"打断"命令是指在两个点之间创建间隔,也就是在打断之处存在间隙。

可以通过以下方法进行"打断"命令:

1.在命令栏中键盘输入BREAK(快捷键:BR);

2.打开"修改"菜单栏的"打断"命令;

3.单击修改工具栏上打断的按钮 。

"打断于点"命令与"打断"命令相似,但是它用于将对象在某一点处打断,打断之处没有间隙。有效的对象包括直线、圆弧等,但不能是圆、矩形和多边形等封闭的图形(图4.1.16)。

图4.1.16 AutoCAD打断于点命令

可以通过以下方法进行"打断于点"命令:

1.在命令栏中键盘输入BREAK(快捷键:BR);

2.打开"修改"菜单中的"打断于点"命令;

3.单击修改工具栏上打断于点的按钮 。

绘图步骤:

1.在命令栏中输入BR,按回车键或空格键;

2.命令栏出现"选择对象"后,选择绘图界面上要打断的对象,按回车键或空格键;

3.命令栏出现"指定第二个打断点或〔第一点(F)〕"后,选择F,按回车键或空格键;

4.命令栏出现"指定第一个打断点"后,选择要打断的点;

5.命令栏出现"指定第二个打断点"后,输入@(@表示系统自动忽略此提示),绘制完成。

4.1.17 定数等分与定距等分

AutoCAD中经常涉及长度距离的确定以及精

确的分割,其中比较常见的方法就是定数等分和定距等分。在等分距离之前,可以先将点样式设置为比较明显的形态。

定数等分就是将一根直线按指定份数分割,快捷命令为DIV。

绘图步骤:

1.在命令栏中键盘输入DIV,按回车键或空格键;

2.命令栏出现"选择要定数等分的对象"后,选择需要分割的线,按回车键或空格键;

3.命令栏出现"输入线段数目"之后,在命令栏输入需要分割的份数,按回车键或空格键;

4.如果之前点样式设置成更明显的图标,图中就会看到分割点。

定距等分就是指定距离来分割线,快捷命令为ME。

绘图步骤:

1.在命令栏中输入ME,按回车键或空格键;

2.命令栏出现"选择要定距等分的对象"后,选择需要分割的线,按回车键或空格键;

3.命令栏出现"指定线段长度"之后,在命令栏输入每一小段的线段长度,按回车键或空格键;

4.如果之前点样式设置成更明显的图标,图中就会看到分割点。

> **备注:**如果一条线段用定距等分没法整除,那么前面的线段分割会按照所输入长度进行分段,最后一段剩下多少长度就会剩余多少长度。

案例轻松学 楼梯平面图(图4.1.17,扫二维码看操作视频)

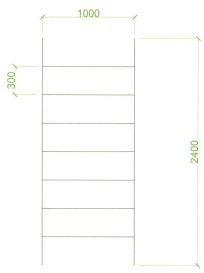

图4.1.17 楼梯平面图

步骤点拨：

1. 打开直线命令，画一条长度为2 400的线；

2. 通过偏移命令，将这条直线往旁边偏移800；

3. 点击菜单栏"格式"中的"点样式"，将点样式设置成比较容易看见的样式；

4. 打开"定数等分"命令，将两条直线8等分；

5. 打开"对象捕捉设置"，将"节点"加入对象捕捉；

6. 打开直线命令，将中间的节点连接起来。

4.2　AutoCAD其他编辑命令

除了上述所介绍的一些常用AutoCAD编辑命令外，还有一些其他的编辑辅助命令，帮助使用者进一步高效使用软件。

4.2.1　阵列命令

"阵列"命令是指多次重复选择原对象并把这些副本按一定形式排列起来，如线、矩形和环形。

AutoCAD提供了三种阵列类型：矩形阵列、路径阵列和极轴阵列。把副本按矩形排列称为矩形阵列，把副本按照环形排列称为极轴阵列，把副本按照某一线条进行排列称为路径阵列。建立矩形阵列时，应该控制行与列的数量以及原对象与副本之间的距离；建立极轴阵列时，应该控制复制对象的次数和对象是否被旋转（图4.2.1）。

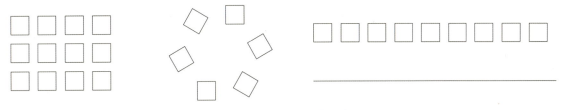

图4.2.1　阵列的三种形式

可以通过以下方法进行"阵列"命令：

1. 在命令栏中键盘输入ARRAY（快捷键AR）；

2. 打开"修改"菜单中的"阵列"命令；

3. 单击修改工具栏上阵列的图标 ⊞。

当选择偏移命令后，先要选择阵列的类型。之后，工具栏区会暂时变成阵列创建编辑器。不同阵列类型的编辑器稍有区别。

矩形阵列编辑器中，列数表示阵列中的列数，行数表示阵列中的行数，级别表示阵列中的层数。

介于表示列间距、行间距或者层间距。总计表示从阵列中第一个到最后一个图形之间的总距离。

关联表示是否在阵列中创建项目作为关联阵列对象，或作为独立对象。

基点表示指定阵列的基点（图4.2.2）。

图4.2.2　矩形阵列创建编辑器

打开路径阵列编辑器之前，还需要先选择路径曲线。

项目数表示阵列中的个数。

切线方向表示控制选定对象是否将相对于路径的起始方向重定向（旋转），然后再移动到路径的起点。

对齐项目表示指定是否对齐每个项目以与路径的方向相切。对齐相对于第一个项目的方向。

Z方向表示控制是否保持项目的原始Z方向或沿三维路径自然倾斜项目（图4.2.3）。

打开极轴阵列编辑器之前，还需要先选择阵列排布的中心点（图4.2.4）。

图 4.2.3　路径阵列创建编辑器

图 4.2.4　极轴阵列创建编辑器

下面通过一些实例来学习阵列的绘制步骤。

4.2.1.1　矩形阵列

案例轻松学 铺装平面图（图 4.2.5，扫二维码看操作视频）

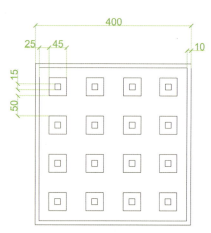

图 4.2.5　铺装平面图

绘图步骤：

1. 通过直线命令，画一个长度为 400 的矩形，按回车键或空格键；

2. 通过偏移命令，将这个矩形向内偏移 10，按回车键或空格键；

3. 继续偏移命令，将内矩形的顶线和左线分别偏移 25，按回车键或空格键；

4. 通过矩形命令，以这两条偏移线的交点为左上点，绘制一个长度为 45 的矩形；通过偏移命令，将这个矩形向内偏移 15，按回车键或空格键；

5. 通过剪切和删除命令，将多余的辅助线删除；

6. 通过矩形阵列命令，选择两个小矩形进行矩

形阵列，设置参数为列数 4，介于距离 95，行数 4，介于距离 -95。输入完毕后单击"关闭阵列"。

4.2.1.2　极轴阵列

案例轻松学 乔木平面图（图 4.2.6，扫二维码看操作视频）

图 4.2.6　乔木平面图

绘图步骤：

1. 通过矩形命令，画一个长度为 40、宽度为 150 的矩形。

2. 通过直线命令，以这个矩形底边中点为端点，向下绘制一条长度为 300 的辅助线。

3. 通过极轴阵列命令，选择直线的另一端为阵列的中心点，进行极轴阵列，设置参数项目数为 20；其余默认参数不变。

4. 通过圆命令，以阵列中心点为圆心，绘制一个半径为 15 的圆。输入完毕后"关闭阵列"，删除辅助线。

4.2.1.3　路径阵列

案例轻松学 道路树池平面图（图 4.2.7，扫二维码看操作视频）

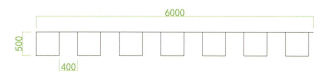

图4.2.7　道路树池平面图

绘图步骤：

1. 通过直线命令，画一条长度为6 000的水平直线；

2. 通过矩形命令，以直线的左边端点为起始点，画一个长度为500的正方形；

3. 通过路径阵列命令，选择对象为该正方形，选择路径曲线为该直线，在路径阵列对话框中将项目数的介于数量设置为900。

4.2.2　测量长度和测量面积命令

测量长度：

1. 可以通过"DIST"命令在AutoCAD中测量很多线段的尺寸大小，通过在命令栏中输入DIST（快捷键：D）可以执行测量长度的命令。

绘图步骤：

1. 在命令栏中输入D，按回车键或空格键；

2. 命令栏出现"指定第一点"后，选择绘图界面上要测量的线段其中一个端点，按回车键或空格键；

3. 命令栏出现"指定第二个点或［多个点（M）］"后，选择该线段另一个端点，按回车键或空格键，绘制完成。

4. 命令栏会出现该线段距离、线段在XY平面中的倾角、该线段与XY平面的夹角以及该线段分别在X轴、Y轴、Z轴上的距离。

> **备注：**如果是使用多段线闭合产生的图形，可以选中该图形后右键单击，在面板中找到"特性"命令，调出特性对话框。在几何图形"面板"中可查阅出该图形的长度。

测量面积：

1. 可以通过"AREA"命令在AutoCAD中测量某闭合图形的面积和周长，通过在命令栏中输入AREA（快捷键：AA）可以执行测量面积和周长的命令。

绘图步骤：

1. 在命令栏中输入AA，按回车键或空格键；

2. 命令栏出现"指定第一个角点或［对象（O）增加面积（A）减少面积（S）］"后，输入O，按回车键或空格键；

3. 当命令栏出现"选择对象"，此时光标移动至该图形任意线段后，按回车键或空格键，绘制完成。

4. 命令栏会出现该图形的面积与周长（单位为开始绘图前设置的单位）。

> **备注：**如果是使用多段线闭合产生的图形，可以选中该图形后右键单击，在面板中找到"特性"命令，调出特性对话框。在"几何图形"面板中可查阅出该图形的面积。

4.2.3　填充命令

为了标识某一区域的材质或用料，常为其填充某一种图案。通过图形中的填充图案，可以提高图形的可读性，帮助绘图者实现表达信息的目的，填充的图案会形成一个整体（图4.2.8）。

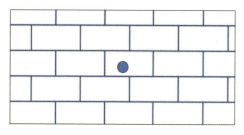

图4.2.8　AutoCAD填充命令

此外，填充图案可以加入颜色，使用者可创建渐变色填充，增强演示图形的效果。

在学习填充命令之前，读者需要了解以下概念：

当进行图案填充时，首先要确定填充图案的边界。定义边界的对象只能是直线、双向射线、单项射线、多段线、样条曲线、圆弧、圆、椭圆、椭圆弧、面域等对象，或用这些对象定义的块，而且作为填充边界的对象在当前图层上必须全部可见。

在进行图案填充时，会把位于总填充区域内的封闭区称为孤岛。在使用填充命令时，系统允许用户以拾取内部点的方式确定填充边界，也就是在需要填充的区域内任意拾取一点，系统会自动确定填充边界以及该边界内的填充区域。如果用户以选择对象的方式确定填充边界，则必须确切选取这些岛。

可以通过以下方法进行"填充"命令：

1. 在命令栏中键盘输入HATCH（快捷键：H）；

2. 打开"修改"菜单中的"填充"命令；

3. 单击修改工具栏上填充的按钮 ▨。

当选择填充命令后，工具栏区会暂时变成图案填充编辑器。

边界栏中可以点击拾取点,选择需填充部分内部的任意一点获得填充区域,也可以重新选择填充

区域(图4.2.9)。

图4.2.9　图案填充编辑器的边界栏

图案栏可以通过右边的上下拉三角按钮,选择适合的图案。AutoCAD本身提供了非常丰富的填

充图案,也可以将自己找的图案载入AutoCAD中(图4.2.10)。

4.2.10　图案填充编辑器的图案栏

特性栏中可以设置填充图案的形式、颜色、大小比例、透明度、倾斜角度(图4.2.11)。

图4.2.11　图案填充编辑器的特性栏

原点栏可以调整填充图案的起始位置(图4.2.12)。

图4.2.12　图案填充编辑器的原点栏

案例轻松学 绘制园路铺装平面图(图**4.2.13**,扫二维码看操作视频)

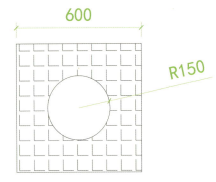

图4.2.13　园路铺装平面图

步骤点拨:

1. 通过矩形命令,画出一个边长为600的正方形。

2. 打开对象捕捉,通过直线命令画一条对角线作为辅助线。以对角线的中线为圆心,画一条半径为150的圆形,再删除对角线。

3. 通过填充命令,在正方形和圆形中任意选取一点,执行填充命令,选择ANGLE图案,比例设置为100。

4.2.4　区域覆盖命令

使用区域覆盖对象可以在现有对象上生成一个

空白区域,用于添加注释或详细的屏蔽信息。区域覆盖对象是一块多边形区域,它可以使用当前背景色屏蔽底层的对象(图4.2.14)。

此区域以区域覆盖线框为边框,可以打开此

区域进行编辑,也可以关闭此区域进行打印。通过使用一系列点来指定多边形的区域可以创建区域覆盖对象,也可以将闭合多段线转换成区域覆盖对象。

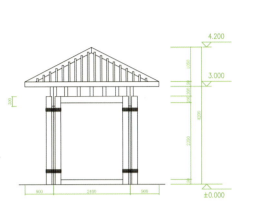
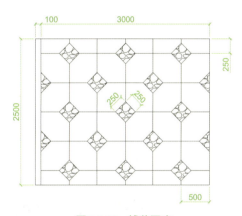

图4.2.14　AutoCAD区域覆盖命令

可以通过以下方法进行"区域覆盖"命令:

1. 在命令栏中键盘输入WIPEOUT(快捷键:WI);

2. 打开"绘图"菜单中的"区域覆盖"命令;

3. 单击绘图工具栏上区域覆盖的图标 。

绘图步骤:

1. 在命令栏中输入WI,按回车键或空格键;

2. 命令栏出现"指定第一点或[边框(F)多段线(P)]时"后,选择绘图界面上要覆盖的第一个点,按回车键或空格键;

3. 命令栏出现"指定下一点"后,选择该区域另一个点,按回车键或空格键;

4. 当区域选择完毕后,按回车键或空格键,绘制完成。

模块小结

通过本模块的学习,读者可以熟练掌握AutoCAD的常用编辑工具命令和使用方法,并可以综合使用。

模块实训(扫二维码看操作视频)

任务1:绘制一个常见铺装图案(图4.2.15)。

图4.2.15　铺装图案

绘制前准备:

1. 建立新文件。

打开AutoCAD软件,建立新文件,将新文件命名为"铺装.dwg"并保存。

2. 设置图层。

打开图层特性管理器,设置两个图层:"铺装"和"标注尺寸"(后者在之后的练习会用到),将每个图层设置成不同颜色,使绘图时显示更加清楚。将"铺装"图层设置为当前图层,设置好的图层如图4.2.16所示。

绘制步骤:

1. 绘制铺装轮廓。

(1)在状态栏中单击"正交"按钮,打开正交模式;单击"对象捕捉"按钮,打开对象捕捉模式;单击

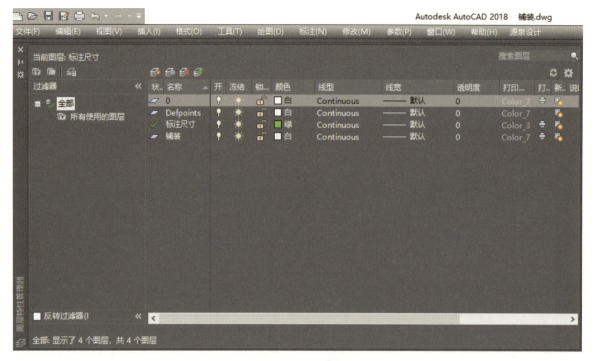

图4.2.16　设置图层

"对象捕捉追踪"按钮,打开对象捕捉追踪模式。

（2）在命令行中输入REC,开启矩形命令,绘制一个长度3 000,宽度2 500的矩形。在命令行中输入L,开启直线命令,在矩形左边绘制两条长度100的水平直线,一条长度2 500的竖直直线,形成共用一条边的两个矩形。

（3）重复直线命令,连接右边矩形四条边长的中点,形成交叉直线。键盘输入O,指定偏移距离选择500,将两条中线上下各偏移两次,左右各偏移两次。

（4）在命令栏中输入REC,开启矩形命令,绘制一个边长为250的正方形。键盘输入RO,开启旋转命令,旋转角度设置为45°。

（5）在命令栏中输入CO,开启复制命令,将正方形复制到所有指定的地点。可以绘制一条对角线作为辅助线帮助复制（图4.2.17）。

图4.2.17　绘制矩形

（6）在命令栏中输入TR,按两次回车键,开启剪切命令,将多余的线剪切掉。

（7）在命令栏中输入H,开启填充命令,把图案填充进各个矩形或三角形。图案为GRAVEL,比例为10（图4.2.18）。

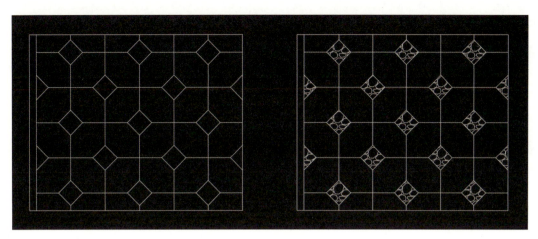

图4.2.18　填充图案

任务2：绘制一个座凳平面图和立面图（图4.2.19）。

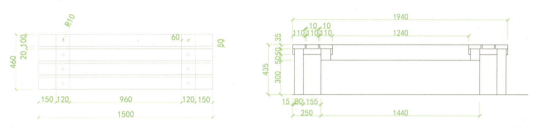

图4.2.19　座凳平面图和立面图

绘图前准备：

1. 建立新文件。

打开AutoCAD，建立新文件，将新文件命令为"座凳.dwg"并保存。

2. 设置图层。

打开图层标注管理器，设置四个图层："座凳"、"钢筋螺栓层"、"标注尺寸"和"说明文字"，将每个图层设置成相应颜色，使绘图时显示更加清楚。将"座凳"图层设置为当前图层。设置好的图层如图4.2.20所示。

图4.2.20　设置图层

绘制步骤：

1. 绘制座凳平面图轮廓。

（1）在状态栏中单击"正交"按钮，打开正交模式；单击"对象捕捉"按钮，打开对象捕捉模式。

（2）在命令行中输入REC，开启矩形命令，绘制一个长度1 500，宽度100的矩形。在命令行中输入CO，开启复制命令，在矩形上侧再复制三个矩形，设置复制的移动距离分别是120、240和360（图4.2.21）。

（3）在命令行中输入L，开启直线命令，从最下面的矩形下边长左边顶点往X轴正方向画一条长度为150的线，找到这条短线的顶点。再次重复直线命令，从该点开始往Y轴方向从下到上画一条直线。键盘输入O，指定偏移距离选择120，将这条线往右

偏移一次。将X轴方向的辅助线删除。形成的图形如图4.2.21所示。

（4）将"钢筋螺栓层"设置为当前图层，在命令行输入L，开启直线命令，从红色箭头所指的点开始往右画一条长度为60的直线，再从该直线另一端往上画一条长度为50的直线，确定最下方圆形的圆心。在命令行输入C，开启圆形命令，以该点为圆心画一个半径为10的圆。在命令行中输入CO，开启复制命令，往上再复制三个圆形，设置复制的移动距离分别是120、240和360。将辅助线删除。

（5）在命令行输入MI，开启镜像命令，选中四个圆形和两侧的线，以矩形长边的中点作为镜像线，在左边部分进行镜像处理。

图4.2.21 绘制矩形

2. 绘制标注尺寸和说明文字。

（1）将"标注尺寸"图层设置为当前图层。在命令栏输入DAL，开启对齐标注命令，在需要的部分标注相应尺寸。

（2）将"说明文字"图层设置为当前图层。在命令栏中输入PL，开启多段线命令，绘制文字下方的直线。

（3）在命令栏中输入TEXT，将文字的高度设置为40，然后标注文字。

该部分内容在之后"模块五"和"模块六"中进行学习。

3. 绘制座凳立面图轮廓。

（1）将"座凳"设置为当前图层。

（2）在命令行中输入L，开启直线命令，绘制一个长度为1 940，宽度为35的矩形。重复直线命令，从矩形左下角开始，画一个长度350、宽度50，一条边长重叠的矩形。画完的图形如图4.2.22所示。

图4.2.22 绘制矩形

（3）在命令行中输入O，开启偏移命令，将上面矩形的左侧边长向右偏移一次，距离110；再偏移一

次，距离为10。下方矩形的左侧边长先向右偏移一次，距离为15，再偏移一次，距离为80。

在命令行中输入MI，开启镜像命令，将偏移出来的直线选中，以下面矩形的长边中线作为镜像线 的点，进行镜像。画完的图形如图4.2.23所示。

图4.2.23 镜像线条

（4）在命令行中输入O，开启偏移命令，将下面矩形的左侧线向右偏移250。在命令行中输入L，开启直线命令，以下面矩形的偏移线下顶点为起点，再 向下绘制长度分别为350和50的延长线，并在50延长线的尾端绘制一条从偏移250的点开始的长度为85的直线。画完的图形如图4.2.24所示。

图4.2.24 绘制延长线

在命令行中输入TR，开启剪切命令，将相应多余的线剪切掉。画完的图形如图4.2.25所示。

图4.2.25 剪切多余线条

（5）在命令行中输入MI，开启镜像命令，将相应的线选中，以上面矩形长边的中点作为镜像线的点， 进行镜像。在命令行中输入L，开启直线命令，绘制中间的连接线和地平线。画完的图形如图4.2.26所示。

图4.2.26 绘制连接线和地平线

（6）在命令行中输入TR，开启剪切命令，将多余的线删除。

4.绘制标注尺寸和说明文字。

该部分内容在之后"模块五"和"模块六"中进行学习。

模块五
管理复杂图形——AutoCAD辅助工具

学习目标

本模块开始学习AutoCAD的一些辅助工具命令,这些命令可以帮助绘图者更清楚地表达图形含义,并且提高画图效率。

能力训练

1. 熟练使用图块及其属性;
2. 熟练使用标注命令;
3. 熟练使用插入图像命令。

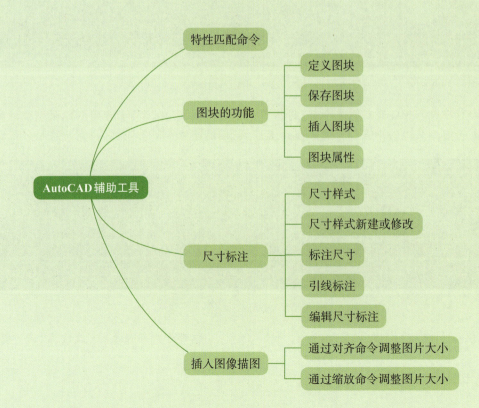

5.1 特性匹配命令

AutoCAD中的特性匹配命令与Office软件中的格式刷命令比较相似,有一个复制功能,可以复制除了内容,如文字内容以外的其他特性。

可以通过以下方法进行"特性匹配"命令:

1. 在命令栏中输入MA;

2. 单击工具栏中的"特性匹配"命令按钮。

执行"特性匹配"命令之后,首先要求选择目标对象,也就是属性的源对象,点击这个对象来获取这个对象的属性。

接下来,要求"选择目标和对象",用鼠标点击你想改变属性的对象,比如线条、文字等内容,进行选择。

使用鼠标点击一下需要改变的对象。图形就和源目标的大小、图层、颜色等所有属性变得一样。

如果想结束命令,点击键盘的"ESC"键退出命令即可。

5.2 图块的功能

图块又称块,它是由一组图形对象组成的集合。一组对象一旦被定义为图块,它们将成为一个整体,选中图块中任意一个图形对象即可选中构成图块的所有对象。AutoCAD把一个图块作为一个对象,可进行编辑、修改等操作,使用者可根据绘图需要把图块插入到图中指定的位置,在插入时也能够指定不同的缩放比例和旋转角度。

5.2.1 定义图块

将特定图形创建一个整体成为块,可以方便在工作绘图时插入相同图形,不过这个块只相对于当前图纸,其他图纸不能插入此块。

可以通过以下方法进行"定义图块"命令:

1. 在命令栏中输入BLOCK(快捷键: B);

2. 打开菜单栏"绘图"中"块"的"创建"命令;

3. 单击"绘图"工具栏中的"创建块"按钮 。

执行"定义图块"命令之后,系统会打开"块定义"对话框(图5.2.1)。

在"名称"中,可以输入图块名称;在"拾取点"中,可以单击图块的拾取基点;在"选择对象"中,可

图5.2.1　AutoCAD块定义对话框

以选择成为图块的对象;单击"允许分解"前面的选框,可设定该图块是否可以使用分解命令进行分解。

5.2.2 保存图块

利用BLOCK命令定义的图块会保存在其所属的图形当中,该图块只能在该文件中插入,而不能插入到别的文件中。但是有些图块可能会在很多文件中重复使用,这时可以使用WBLOCK命令将图块以图形文件(后缀为.dwg)的形式单独保存至本地。图形文件可以在之后的任意文件中用INSERT命令插入。

可以通过以下方法进行"保存图块"命令:

1. 在命令栏中输入WBLOCK(快捷键: WB);

图5.2.2　CAD保存图块对话框

2. 在功能区单击"插入"选项卡"块定义"面板中的"写块"按钮。

在"拾取点"中，可以单击图块的拾取基点；在"选择对象"中，可以选择需要保存的图块；在"目标"中，可以设定图块的文件名和路径，以及插入单位（图5.2.2）。

案例轻松学 将植物平面图设置成图块并保存（图5.2.3，扫二维码看操作视频）

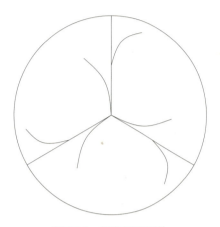

图5.2.3　植物平面图块

步骤点拨：

1. 打开所画的植物平面图例文件；

2. 通过定义图块命令，将该图例中所有元素保存成一个图块；

3. 通过保存图块命令，将该图块单独保存在电脑中，并设置文件名和路径。

5.2.3　插入图块

在AutoCAD中，可根据需要随时把已经定义好的图块或图形文件插入到当前绘图文件的任意位置，在插入的同时也可以改变图块的大小、角度或分解图块等。

可以通过以下方法进行"插入图块"命令：

1. 在命令栏中键盘输入INSERT（快捷键：I）；

2. 打开"插入"菜单中的"块"命令；

3. 单击块工具栏上插入块的按钮 。

操作步骤：

1. 输入"插入图块"命令后弹出"插入对话框"（图5.2.4）。

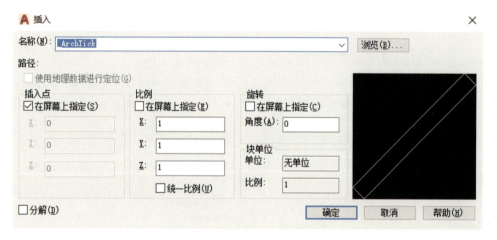

图5.2.4　AutoCAD插入图块对话框

2. 单击"浏览"按钮，选取要插入的图块，并设置插入点和插入比例等，单击"确定"，可将图块插入到图像中所选位置。

5.2.4　图块属性

图块除了包含图形对象之外，还可以包含非图形信息。图块的非图形信息称为图块的属性，它是图块的一个组成部分，图形和属性一起构成一个整体。

5.2.4.1　属性定义

属性是将数据附着到图块上的标签或标记。属性中可能包含的数据包括价格、注释和名称等。

可以通过以下方法进行"定义图块属性"命令：

1. 在命令栏中键盘输入ATTDEF（快捷键：ATT）；

2. 打开菜单栏"绘图"中"块"命令里的"定义属性"；

3. 单击"默认"选项卡中"块"面板的"定义属性"按钮 。

打开后会弹出定义属性的对话框（图5.2.5），可设置属性、文字等信息。单击"完成"之后将在绘图界面出现属性内容的图像。可将属性图像移动至任意地点。

图5.2.5　AutoCAD属性定义对话框

5.2.4.2　修改属性定义

可以通过以下方法进行"**修改图块属性**"命令：

1. 在命令栏中键盘输入DDEDIT（快捷键：DDE）；

2. 打开菜单栏"修改"中"对象"命令里"文字"的"编辑"；

3. 选择块后，系统会打开"编辑属性定义"对话框（图5.2.6），可以在该对话框中修改属性定义。

图5.2.6　AutoCAD编辑属性定义对话框

5.2.4.3　图块属性编辑

可以通过以下方法进行"**图块属性编辑**"命令：

1. 在命令栏中键盘输入EATTEDIT；

2. 打开菜单栏"修改"中"对象"命令里"属性"的"单个"；

3. 单击"默认"选项卡中"块"面板的"编辑属性"按钮 ；

4. 将原图形和属性图像整体定义成图块或写块，完成之后双击该图块；

5. 执行以上命令后，会打开"增强属性编辑器"对话框（图5.2.7），该对话框不仅可以编辑属性值，还可以编辑属性的文字选项和图层、线型、颜色等特性值。

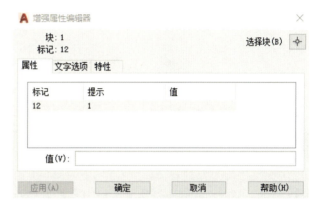

图5.2.7　AutoCAD增强属性编辑器对话框

案例轻松学 轴号绘制（图5.2.8、图5.2.9，扫二维码看操作视频）

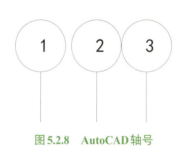

图5.2.8　AutoCAD轴号

步骤点拨：

1. 通过圆命令，画一个半径为15的圆。

2. 通过直线命令，以圆心为起点画一条垂直向下的直线。再通过剪切命令，将圆内的直线部分删除。

3. 通过定义图块属性命令，将标记设为"数字"，文字高度设为10。双击"数字"，将"标记"改为1，确定后将该属性移动至圆心区域。

4. 框选文件中全部图形，通过定义图块命令，定义成一个名称为"轴号"的图块。在弹出的"编辑属性"对话框中，写上"1"。复制该图块2次，双击复制后图块中的数字，将属性部分的值改为"2"和"3"。

图 5.2.9　轴号绘制

5.3　尺寸标注(扫二维码看操作视频)

尺寸标注是绘图过程中非常重要的组成部分。图形的作用主要是表达物体的形态,而物体各部分的真实大小和各部分之间的确切位置只能通过尺寸标注来表达。如果没有正确的尺寸标注,绘制出来的图样对于实际施工就没有意义。

5.3.1　尺寸样式

尺寸标注由尺寸线、尺寸界线、尺寸文本和尺寸箭头组成(图5.3.1)。尺寸标注以什么形态出现,取决于当前所采用的尺寸标注样式。使用者可以通过"标注样式管理器"对话框设置需要的尺寸标注样式(图5.3.2)。

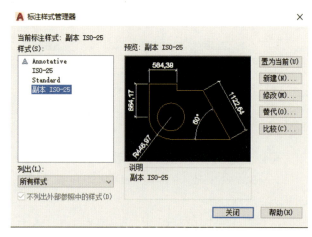

图 5.3.2　AutoCAD标注样式管理器

AutoCAD的系统有默认Standard名称的标注样式。使用者可以另外新建标注样式,或修改某一标注样式。

可以通过以下方法打开"标注样式管理器"对话框:

1. 在命令栏中键盘输入DIMSTYLE(快捷键:DIMSTY);

2. 打开菜单栏"格式"中的"标注样式"命令。

利用该对话框可以定制和浏览尺寸标注样式,例如创建新的标注样式、修改已存在的标注样式、将某标注样式置为当前使用、重命名标注样式以及删除已有的标注样式等。

"置为当前"按钮:单击该按钮,把在"样式"列表框中选择的样式设置为当前标注样式。

"新建"按钮:单击该按钮,打开"创建新标注样式"对话框,可创建新的尺寸标注样式(图5.3.3)。

"修改"按钮:单击该按钮,打开"修改标注样

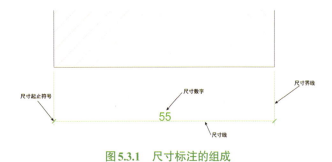

图 5.3.1　尺寸标注的组成

5.3.2　尺寸样式新建或修改

进行尺寸标注之前,需要创建尺寸标注的样式。

图5.3.3　AutoCAD创建新标注样式

式"对话框,可修改一个已存在的尺寸标注样式(图5.3.4)。

"替代"按钮:单击该按钮,打开"替代当前样式"对话框,使用者可改变选项的设置,覆盖原来的设置。

"比较"按钮:单击该按钮,打开"比较标注样式"对话框,可以把比较结果复制到剪贴板上,再粘贴到其他Windows应用软件中(图5.3.5)。

在标注样式对话框里,"线"选项卡是用于设置尺寸线、尺寸界线的形式和特性。"符号和箭头"选项卡用于设置箭头、圆心标记、弧长符号和半径折弯标注的形式和特性。"文字"选项卡用于设置尺寸文本的形式、位置和对齐方式等。

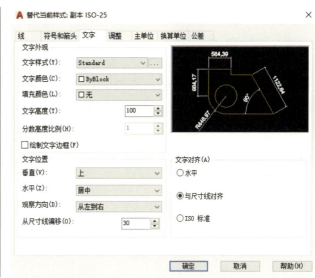

图5.3.4　AutoCAD修改标注样式

图5.3.5　AutoCAD比较标注样式

在实际工作中,图样上的尺寸界线用细实线绘制,与被标注长度垂直,其一端离开图样轮廓线不小于2 mm,另一端超出尺寸线2~3 mm。图样轮廓线可用作尺寸界线(图5.3.6)。

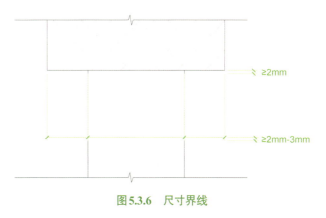

图5.3.6　尺寸界线

图样上的尺寸单位,除标高及总平面以米为单位外,其他必须以毫米为单位。尺寸数字的方向,一般与尺寸线平行(图5.3.7)。

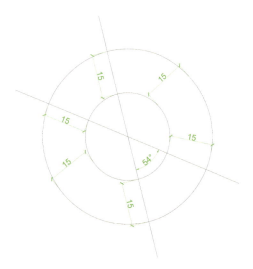

图 5.3.7　尺寸数字的标注方向

5.3.3　标注尺寸

正确进行尺寸标注是设计绘图工作中的重要环节之一。AutoCAD 提供了多种方便、快捷的尺寸标注方法，可通过命令行方式实现，也可通过菜单栏或工具栏等方式实现。

5.3.3.1　线性标注

线性标注用于标注图形对象的线性距离或长度，包括水平标注、垂直标注和旋转标注 3 种类型。

可以通过以下方法进行"线性标注"命令：

1. 在命令栏中输入 DIMLINEAR（快捷键：DLI）；

2. 打开"标注"菜单中的"线性标注"命令；

3. 单击注释工具栏上线性标注的按钮▇。

操作步骤：

1. 在命令栏中输入 DLI，按回车键或空格键；

2. 命令栏出现"指定第一个尺寸界线原点或〈选择对象〉"后，单击需标注对象的某一端点，按回车键或空格键；

3. 命令栏出现"指定第二个尺寸界线原点"后，单击需标注对象的另一端点，移动鼠标将标注放置合适的位置，注释结束。

5.3.3.2　对齐标注

对齐标注是指所标注尺寸的尺寸线与两条尺寸界线起始点间的连线平行。

可以通过以下方法进行"对齐标注"命令：

1. 在命令栏中输入 DIMALIGNED（快捷键：DAL）；

2. 打开菜单栏"标注"中的"对齐标注"命令；

3. 单击"标注"工具栏中的"对齐标注"按钮◥。

操作步骤：

1. 在命令栏中输入 DAL，按回车键或空格键；

2. 命令栏出现"指定第一个尺寸界线原点或〈选择对象〉"后，单击需标注对象的某一端点，按回车键或空格键；

3. 命令栏出现"指定第二个尺寸界线原点"后，单击需标注对象的另一端点，移动鼠标将标注对象放置在合适的位置，注释结束。

5.3.3.3　基线标注

基线标注用于产生一系列基于同一尺寸界线的尺寸标注，适用于长度尺寸、角度和坐标标注。在使用基线标注方式之前，应先标注出一个相关的尺寸作为基线标准。

可以通过以下方法进行"基线标注"命令：

1. 在命令栏中键盘输入 DIMBASELINE（快捷键：DBA）；

2. 打开"标注"菜单栏中的"基线标注"命令。

操作步骤：

1. 首先用"线性标注"或"对齐标注"命令进行某一对象的尺寸标注作为基准。

2. 在命令栏中输入 DBA，按回车键或空格键。

3. 此时绘图界面会出现从第一步标注的第一条尺寸界线开始的尺寸标注。

5.3.3.4　连续标注

连续标注又称尺寸链标注，用于产生一系列连续的尺寸标注，后一个尺寸标注均把前一个标注的第二条尺寸界线作为它的第一条尺寸界线。连续标注适用于长度型尺寸、角度型尺寸和坐标标注。和基准方式一样，在使用连续标注方式之前，应该先标注一个尺寸作为基础。

可以通过以下方法进行"连续标注"命令：

1. 在命令栏中键盘输入 DIMCONTINUE（快捷键：DCO）；

2. 打开"标注"菜单中的"连续标注"命令。

操作步骤：

1. 首先用"线性标注"或"对齐标注"命令进行某一对象的尺寸标注作为基准。

2. 在命令栏中输入 DCO，按回车键或空格键；

3. 此时绘图界面会出现从第一步标注的第二条尺寸界线开始，首尾相连的尺寸标注。

备注：在实际工作中，平面图标注常规的方法是三道尺寸标注。三道尺寸标注是在水平方向和竖直方向各标注三道。最外一道标注为整个标注物体的总长、总宽，称为总尺寸；中间一道尺寸标注为每个单元的尺寸，建筑中也称为轴线尺寸；最里边的一道尺寸标注为更细一层级的尺寸，称为细部尺寸。如果平面图图形对称，宜在图形的左边、下边标注尺寸。如果图形不对称，则需在图形各个方向标注尺寸，或在局部不对称部分标注尺寸。连续标注在三道尺寸标注时用得比较多。

5.3.3.5　半径标注

可以通过以下方法进行"半径标注"命令：

1. 在命令栏中键盘输入DIMRADIUS（快捷键：DRA）；

2. 打开"标注"菜单中的"半径标注"命令；

3. 单击注释工具栏中的"半径标注"按钮 ⊙ 。

操作步骤：

1. 在命令栏中输入DRA，按回车键或空格键；

2. 点击需要标注半径的对象（圆或圆弧），将鼠标向外移动，即出现半径数值。

5.3.4　引线标注

利用AutoCAD提供的引线标注功能，不仅可以标注特定尺寸，如圆角、倒角等，还可以实现在图中添加多行旁注、说明。在引线标注之前，需要先对文字样式进行编辑。此部分内容将在下一模块进行介绍。在引线标注中，指引线可以是折线，也可以是曲线；指引线端部可以有箭头，也可以没箭头。

在实际工作中，引线标注通常用于标注材质。在施工图绘制中，指引线端部一般使用圆点，不使用箭头。引线标注可以在"多重引线样式"中进行修改。

一般"引线标注"命令，可以通过LEADER命令（快捷键：LEAD）来进行。

操作步骤：

1. 在命令栏中输入LEAD，按回车键或空格键。

2. 命令栏出现"指定引线起点或［设置（S）］"后，单击想要开始引线的位置。

3. 命令栏出现"指定下一点"时，单击引线的另一端位置，同时也是文字注释的起点。

4. 命令栏出现"指定下一点或［注释（A）格式（F）放弃（U）］"后，单击文字标注引线的端点，引线绘制完成之后，按回车键或空格键。

5. 命令栏出现"输入注释文字的第一行或〈选项〉"后，输入相应文字，按回车键或空格键后，命令栏会出现"输入注释文字的下一行"，可以输入下一行文字。

6. 文字输入完成，按回车键或空格键完成命令。

在引线的命令行提示下直接按回车键或输入S，可以打开"引线设置"对话框，允许对引线标注进行设置（图5.3.8）。

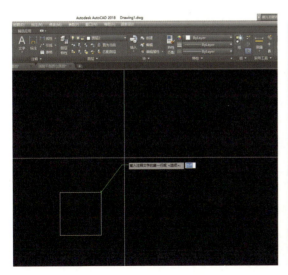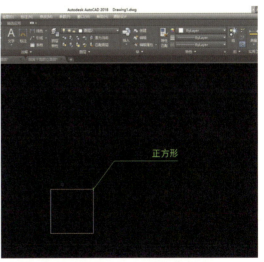

图5.3.8　AutoCAD绘制引线标注

"快速引线标注"命令可以通过QLEADER命令（快捷键：QL）来进行，通过命令行优化对话框进行用户自定义，消除不必要的命令行提示，提高工作效率。

操作步骤：

1. 在命令栏中输入QL，按回车键或空格键。

2. 命令栏出现"指定第一个引线点或［设置

（S）］”后，单击想要开始引线的位置。

3. 命令栏出现“指定下一点”时，单击引线的另一端位置，同时也是文字注释的起点。

4. 命令栏出现“指定下一点”后，单击文字标注引线的端点。

5. 命令栏出现“指定文字宽度〈0〉”后，按回车键或空格键。

6. 命令栏出现“输入注释文字的第一行〈多行文字（M）〉”后，输入相应文字，按回车键后命令栏会出现“输入注释文字的下一行”，可以输入下一行文字。

7. 文字输入完成，按回车键或空格键，绘制完成。

5.3.5　编辑尺寸标注

AutoCAD允许对已经创建好的尺寸标注进行编辑修改，包括修改尺寸文本的内容、改变其位置、使尺寸文本倾斜一定的角度等，还可以对尺寸界线进行编辑。编辑尺寸标注包括了尺寸编辑和尺寸文本编辑

可以通过以下方法进行“尺寸编辑”命令：

1. 在命令栏中输入DIMEDIT（快捷键：DED）；

2. 打开菜单栏“标注”中“对齐文字”的“默认”命令；

3. 单击“标注”工具栏中的“编辑标注”按钮。

操作步骤：

1. 在命令栏中输入DED，按回车键或空格键。

2. 命令栏出现“输入标注编辑类型或［默认（H）/新建（N）/旋转（R）/倾斜（O）］”后，输入想要编辑类型所相应的字母。

3. 按指令完成后，按回车键或空格键。

4. 命令栏出现“选择对象”后，单击想要编辑的尺寸，按回车键或空格键。

可以通过以下方法进行“尺寸文本编辑”命令：

1. 在命令栏中键盘输入DIMTEDIT（快捷键：DIMTED）；

2. 打开菜单栏“标注”中“对齐文字”的除“默认”外的其余命令；

3. 单击“标注”工具栏中的“编辑标注文字”按钮。

操作步骤：

1. 在命令栏中输入DIMTED，按回车键或空格键。

2. 命令栏出现“选择标注”后，单击想要编辑文字的标注，按回车键或空格键。

3. 命令栏出现输入“为标注文字指定新位置或［左对齐（L）/右对齐（R）/居中（C）/默认（H）/角度（A）］后”，将标注文字移动至想要的位置，或者输入相应位置后面的字母，按回车键或空格键。

4. 如果自行移动，单击新位置，按回车键或空格键。

5.4　插入图像描图（扫二维码看操作视频）

在使用AutoCAD时，有时候看到一些图片上部分画面很好看想把它转换成dwg文件；有时获得的数据资料是以图片形式呈现，标注尺寸不是很全。为了获得更精确的尺寸，AutoCAD提供了插入图像的功能，可将JPG图片导入进AutoCAD，用参照缩放命令把图片尺寸调整到真实尺寸，然后开始描图（图5.4.1）。

图5.4.1　AutoCAD描图将JPG格式转换成dwg文件

操作步骤：

1. 菜单栏中选择"插入"，选择"光栅图像参照"选项。

2. 弹出的"附着图像"中，选择所需描图的图片，点击"确定"。缩放比例可暂时选择"1"。

3. 选择图片，右键单击，选择"图像"中的"调整"。在弹出的对话框中，调整图像的亮度、对比度、淡入度等，使图片的底色调整到合适制图的状态。

4. 通过"对齐"或"缩放"命令，将图片的尺寸调整到AutoCAD坐标系中真实的尺寸。如果所给的图中有比例尺，则参照比例尺上的长度进行对齐缩放，如果没有比例尺，可用图中某个已知尺寸为参照，进行对齐缩放。

5. 以该图为背景，将图片所在图层进行锁定。此时图片可见，但是不能编辑操作。新建图层，并直接绘制线条或标注尺寸。这时作图比例是1：1，长度单位与图片上一致。

当图片放入绘图界面之后，需要调整图片的大小，使该图片自身尺寸与图形的尺寸一致。可以通过对齐命令和缩放命令完成图片大小的调整。

5.4.1　通过对齐命令调整图片大小

通过"对齐"命令调整图片的绘制步骤：

1. 选择图片中已知尺寸的某一条线L1，进行描摹（该线段在图像上标注为某尺寸，但在AutoCAD的绘图界面中并不是）；

2. 在AutoCAD的绘图界面中画一条按照该尺寸标注正确的线L2（图5.4.2）；

3. 选择L1和底图，在命令栏中输入AL，按回车键；

4. 当命令栏出现"指定第一个源点"时，选择L1中的某一端点；当命令栏出现"指定第一个目标点"时，选择L2中对应方位的端点；

5. 当命令栏出现"指定第二个源点"时，选择L1中的另一端点；当命令栏出现"指定第二个目标点"时，选择L2中对应的另一端点；

6. 当命令栏出现"指定第三个源点或〈继续〉"时，如果两个点足以进行对齐，则可直接按回车键或空格键；如果不足以完成对齐操作，则继续选择，直到选择完毕后再按回车键或空格键；

7. 当命令栏出现"是否基于对齐点缩放对象"时，选择"是"，按回车键或空格键结束命令。

5.4.2　通过缩放命令调整图片大小

通过"缩放"命令调整图片大小的绘制步骤：

1. 选择图片中已知尺寸的某一条线L1，进行描摹（该线段在图像上标注为某尺寸，但在AutoCAD的绘图界面中并不是）；

2. 在AutoCAD的绘图界面中画一条按照该尺寸标注正确的线L2；

3. 同时选中L1和底图，在命令栏中输入SC，按回车键或空格键；

4. 当命令栏出现"指定基点"时，选择图像中的某一点；当命令栏出现"指定比例因子或［复制（C）］［参照（R）］"时，选择R，按回车键或空格键；

5. 当命令栏出现"指定参照长度"时，先选择L1的两个端点；

6. 当命令栏出现"指定新的长度或［点（P）］"时，选择P，按回车键或空格键；

7. 当命令栏出现"指定第一点"时，选择L2对应方位的端点；当命令栏出现"指定第二点"时，选择L2的另一端点，命令完成。

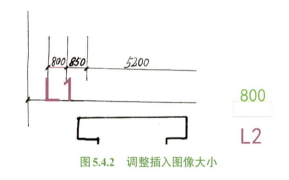

图5.4.2　调整插入图像大小

　　备注： 在将图像插入AutoCAD时，可将该图像单独放在一个图层中。描绘完成后关闭图像所在图层，即可关闭背景图像，检查自己绘制的图形。

🎨 模块小结

通过本模块的学习，使读者对AutoCAD的常用辅助工具命令和使用方法有了进一步认识。

模块实训（扫二维码看操作视频）

任务1： 将模块四实训任务所绘制的铺装平面图标注尺寸（图5.4.3）。

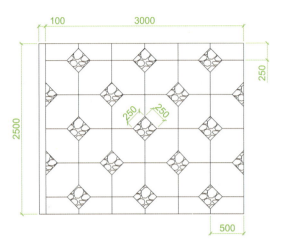

图5.4.3　铺装平面图尺寸标注

绘制步骤：

1. 打开图形文件，将图像移动至屏幕中间位置。

2. 设置标注样式。

根据绘图比例设置标注样式，单击菜单栏"标注"选项中的"标注样式"按钮，对标注样式线、符号、箭头、文字和主单位进行设置，具体数值如下：

线：超出尺寸线25，起点偏移量30。

符号和箭头：第一个为建筑标记，箭头大小50。

文字：文字高度100，文字位置为垂直上，从尺寸线偏移30，文字对齐为与尺寸线对齐。

主单位：精度为0，比例因子为1。

3. 绘制标注尺寸。

将"标注尺寸"图层设置为当前图层。在命令栏输入DAL，开启对齐标注命令，在需要的部分标注相应尺寸。

任务2： 将模块四实训任务所绘制的座凳平面图和立面图标注尺寸（图5.4.4）。

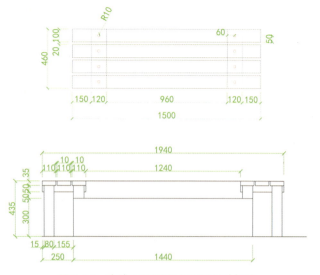

图5.4.4　座凳平面图和立面图尺寸标注

绘制步骤：

1. 打开图形文件。

2. 设置标注样式。

根据绘图比例设置标注样式，单击菜单栏"标注"选项中的"标注样式"按钮，对标注样式线、符号、箭头、文字和主单位进行设置，具体数值如下：

线：超出尺寸线25，起点偏移量30。

符号和箭头：第一个为建筑标记，箭头大小20。

文字：文字高度40，文字位置为垂直上，从尺寸线偏移30，文字对齐为与尺寸线对齐。

主单位：精度为0，比例因子为1。

3. 绘制标注尺寸。

将"标注尺寸"图层设置为当前图层。在命令栏输入DLI和DCO，开启直线标注命令和连续标注命令，在需要的部分标注相应尺寸。

模块六
添加辅助信息——文字与表格输入

学习目标

本章开始学习在AutoCAD中输入文字和表格。文字和表格在设计图纸中也是不可或缺的组成部分。AutoCAD不仅是一个绘图软件，使用者也可以在软件中输入文字和表格等和图形一起来表达出完整的设计思想。

能力训练

1. 熟练使用文字工具；
2. 熟练使用表格工具。

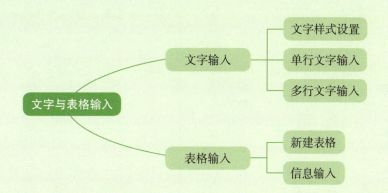

6.1 文字输入

AutoCAD提供了强大的文字处理功能，可设置文字样式、单行文字、多行文字，支持Windows字体和中英文字体等。

6.1.1 文字样式设置

在图形中书写文字时，首先要确定采用的文字字体、文字高度比以及放置方式，这些参数的组合称之为文字样式。AutoCAD提供了很多的文字字体供使用者来定义自己的文字样式。

AutoCAD中缺省的文字样式名为"STANDARD"，使用者可以建立多个文字样式，但只能选择其中一种作为当前文字样式。如果一个样式内的参数发生变化，所有使用该样式的文字都要更新。

AutoCAD软件使用"STYLE"命令来建立和修改文字样式。

可以通过以下方法启动文字样式命令：

1. 在命令行中输入STYLE（快捷键：ST）；

2. 菜单栏中的"格式"下拉菜单选择"文字样式"。

执行文字样式命令后，软件会弹出文字样式对话框，在对话框中可以设置相关参数，包括样式、字体、文字高度和效果等（图6.1.1）。

图6.1.1　AutoCAD文字样式对话框

在字体中，带@的字体表示该种字体是竖向放置的（图6.1.2）。此外，字体选项栏中可以使用大字体，该种字体是扩展名为*.shx的AutoCAD专用字体。

图6.1.2　竖向放置的文字

备注：常用的文字样式字体名为gbenor.shx，大字体为gbcbig.shx。宽度因子为0.7。

6.1.2 单行文字输入

单行文字输入是指逐行进行文字输入。单行文字的命令为快捷键DT，输入DT即可启动单行文字输入命令。

可以使用DT输入若干行文字，并可进行旋转、对齐和大小调整。在"输入文字"提示下输入的文字会同步显示在屏幕中，每行文字是一个独立的对象。要结束一行另起新一行时，可以在文字输入完成后按回车键或空格键。要结束单行文字命令，可连续两次按回车键或空格键，而不用在"输入文字"选项下输入任何字符。这些文字可以进行伸缩、镜像、倾斜等效果。

在实际绘图中，有时候需要绘制一些设计中的特殊字符，比如正负号、直径符号等。由于这些符号不能直接通过键盘输入，AutoCAD提供了一些控制码来实现要求。常用的控制码如表6.1.1所示。

表6.1.1　AutoCAD常用控制码

符号	功能	符号	功能
%%O	上画线	\U+00B2	平方
%%U	下画线	\U+E100	边界线
%%D	度数	\U+2104	中心线
%%P	正负符号	\U+0394	差值
%%%	百分比	\U+2260	不相等
%%C	直径符号	\U+2264	小于等于
\U+2220	角度	\U+2265	大于等于
\U+2082	下标2	\U+2248	几乎相等

案例轻松学 图纸标注文字和标题（图6.1.3，扫二维码看操作视频）

步骤点拨：

（1）通过多段线命令，绘制图纸标注的三角符

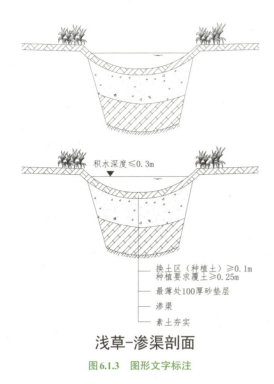

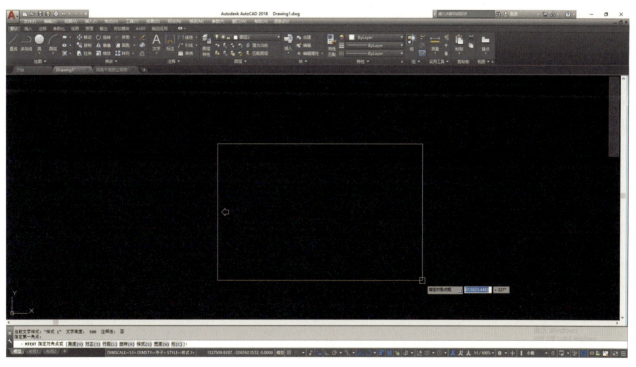

浅草-渗渠剖面

图6.1.3　图形文字标注

号、引导线和标题下方的标题线。三角符号的起点宽度为100，端点宽度为0，标题线起、端点宽度均

为20。

（2）通过单行文字命令，输入不同的标注文字和标题。先在文字样式中标注字体设置为仿宋，标题字体设置为黑体。输入时标注文字字号为100，标题字号为180。

6.1.3　多行文字输入

多行文字输入的快捷键为MT，通常输入T之后跳出的第一个命令就是MTEXT。

启动该命令后，在需要输入文字的屏幕区域用鼠标点击拉出一个文字区。位置选择好之后，AutoCAD会弹出一个文字格式对话框（图6.1.4），在该对话框中设置字形、字体高度、颜色等，然后输入文字，结束后单击OK按钮，文字将在之前选择的区域中显示。

实际工作中，图纸上文字的字高度根据国家标准规范，宜使用表6.1.2中的字高。图样及说明中的汉字，宜采用长仿宋体（矢量字体）或黑体，同一图纸字体种类不应超过两种。

图6.1.4①　文字大小的调节

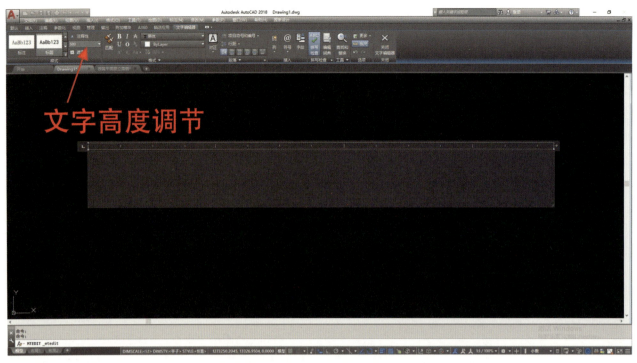

图6.1.4② 文字大小的调节

表6.1.2 图纸文字的字高（mm）

字体种类	中文矢量字体	TRUETYPE字体及非中文矢量字体
字高	3.5、5、7、10、14、20	3、4、6、8、10、14、20

备注：实际工作中，文字可以在布局选项卡里面输入，此时的字高就是图纸中的字高。

案例轻松学 图纸说明绘制（图6.1.5，扫二维码看操作视频）

说明

1. 适用性：本雨水湿塘构造图适用于具有一定空间条件的建筑与小区、城市道路、城市绿地、滨水带等区域，应根据不同情况选取构造组成。
2. 构造：一般有进水口、前置塘、主塘、溢流出水口、护坡及驳岸、维护通道等构成。
3. 具体设置要求参照总说明。
4. 雨水湿塘可与湿地合建，合建时参照雨水湿塘和湿塘的具体设置要求。

图6.1.5 图纸说明绘制

步骤点拨：

1. 通过多行文字命令，绘制一个文本框；

2. 输入案例文字，将字体设置为仿宋，标题字号为180，文本字号为100，并将标题设置居中。

6.2 表格输入

AutoCAD也提供了比较完整的表格创建工具，可以在表格中插入注释，如文字或块。

6.2.1 新建表格

可以通过以下方法启动表格命令：

1. 在命令栏中键盘输入TABLE；

2. 打开"绘图"菜单中的"表格"命令；

3. 单击修改工具栏上"表格命令"图标 。

启动表格命令后，会弹出"插入表格"对话框（图6.2.1），设置好相关参数，包括表格插入方式、列数、行数、列宽、行高、单元样式等，设置好后单击确定。之后，在屏幕上单击需要插入表格的位置，单击位置后得到表格。

备注：单元样式包括了标题、表头和数据，标题或表头如不需要可以换成其他形式。在输入行数时，是输入数据的行数，此时要将标题和表头除去。

单击表格后，再单击任意单元格，此时会选中表格中任意一个单元格，工具栏也会暂时变成"表格单元"栏（图6.2.2）。单元格的右下方有一个淡蓝色的图标，单击并拖动此图标可以同时选中多个单元格，完成插入行、删除行、插入列、删除列、合并单元、取消合并单元等操作。

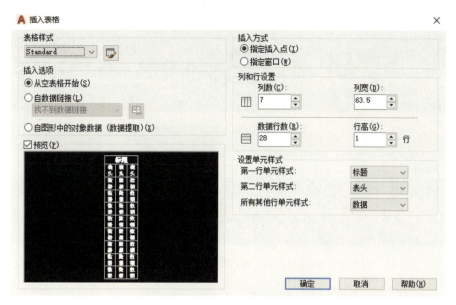

图6.2.1 AutoCAD插入表格对话框

图6.2.2 选中任意一个单元格

如需修改表格参数，在"插入表格"对话框中，单击表格样式栏的启动"表格样式"对话框按钮（图6.2.3），在弹出的对话框中单击修改按钮，即可对表格参数进行修改。

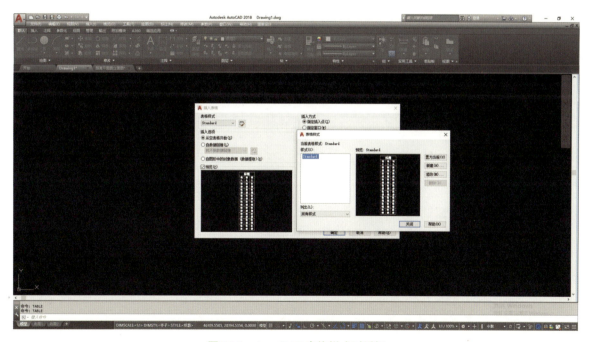

图6.2.3 AutoCAD表格样式对话框

6.2.2 信息输入

双击表格任意单元格，该单元格显示灰色，边框显示为虚线。此时可以输入文字内容，工具栏会变为文字编辑器（图6.2.4），可以调整文字样式、大小、颜色等参数。部分文字如需要特殊符号，可在选中文字后，点击文字编辑器中的"符号"（图6.2.5），在下拉菜单中选择特殊样式。

图 6.2.4　AutoCAD 文字编辑器

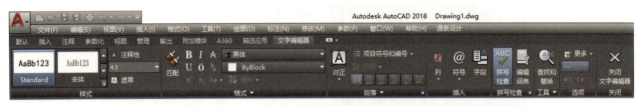

图 6.2.5　AutoCAD 文字编辑器中的"符号"选择特殊符号

案例轻松学 经济技术指标表格绘制

步骤点拨：

1. 通过"表格"命令，绘制一个列数为7、数据行数为28、第一行为标题、第二行为表头、所有其他行为数据的表格（表6.1.3）。

2. 单击选中表格，通过鼠标移动，适当调整不同表格列的宽度。

3. 单击表格，再单击其中单元格，按照所给表格，按住Shift键，对部分单元格进行合并。

4. 双击每个单元格，输入文字内容。

表 6.1.3　经济技术指标表格

经济技术指标				数值	单位	备注
项目				数值	单位	备注
地上用地面积				37334.10	m²	
地下用地面积				40313.80	m²	
总建筑面积				92207.52	m²	
其中	地上计容总建筑面积			41067.51	m²	41067.51
	其中	住宅		40031.61	m²	
		配套用房		1035.89	m²	
		其中	物业服务企业用房	186.36	m²	总建筑面积2%，且≥100m²
			业委会用房	30.41	m²	30m²
			居委会	450.08	m²	450m²
			小型生活垃圾压缩站	120.96	m²	120m²
			道班房	80.25	m²	80m²
			K站	167.84	m²	10.8m*15.5m
	地下建筑面积（不计容）			51140.01	m²	
	其中	住宅附属空间		22552.27	m²	
		地下经营性建筑		1760.50	m²	
		停车和相关配套功能		26827.24	m²	
容积率				1.10		1.10
占地面积				20907.10		
建筑密度				56	%	
绿地率				5	%	≥5%
总户数				121	户	
总人口				387	人	每户3.2人
机动车停车位				393	辆	按一类区域
其中	地上停车位			0	辆	
	地下停车位			393	辆	
非机动车停车位				354	辆	
其中	地上停车位			125	辆	
	地下停车位			229	辆	

**模块小结**

通过本章的学习，读者对AutoCAD的文字输入和表格绘制命令的使用方法有了大致的了解。

模块实训（扫二维码看操作视频）

任务1：将模块五实训任务所绘制的铺装平面图加上文字标注（图6.2.6）。

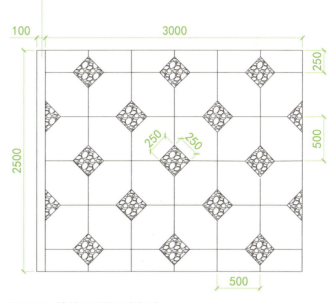

图6.2.6　铺装平面图文字标注

绘制步骤：

1.打开之前完成的图形文件。

2.设置文字样式。

在命令行中输入ST并回车，打开"文字编辑器"选项卡，选择"宋体"字体，宽度因子为1。

3.在命令栏中输入PL，开启多段线命令，绘制文字下方的直线。

4.在命令栏中输入DT，将文字的高度设置为100，标注文字。

任务2：将模块五实训任务所绘制的座凳平面图加上文字标注（图6.2.7）。

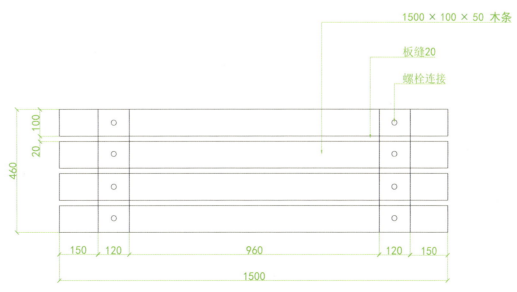

图6.2.7　座凳平面图文字标注

073

绘制步骤：

1. 打开之前完成的图形文件。

2. 设置文字样式。

在命令行中输入ST并回车，打开"文字编辑器"选项卡，选择"宋体"字体，宽度因子为1。

3. 在命令栏中输入PL，开启多段线命令，绘制文字下方的直线。

4. 在命令栏中输入TEXT，将文字的高度设置为60，标注文字。

任务3：绘制一个A3设计图纸图框（图6.2.8）。

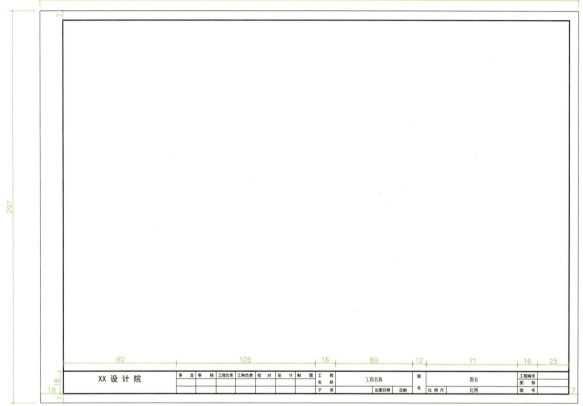

图6.2.8　A3设计图纸图框

绘制步骤：

1. 通过直线命令，画一个长度为420 mm、宽度为297 mm的矩形。

2. 通过偏移命令，将矩形左边边长向里偏移18，其余三边边长向内偏移7。

3. 通过剪切命令将偏移后多余的线删减，形成一个内侧矩形。

4. 通过偏移命令，将偏移后的矩形下边长再向上偏移18。

5. 通过偏移命令，根据图中所给数值进行竖向直线的偏移。

6. 通过剪切命令将多余的线删减，设置内侧大矩形的线宽为0.3 mm。

7. 通过文字命令输入文字，完成图框。大的文字高度为4，小的文字高度为2。

学习目标

在电脑绘图中，很多情况下使用者需要将图形通过打印机或绘图仪打印到图纸上，方便带到现场与其余工程人员进行交流沟通。这个时候需要将AutoCAD所画的图形打印出来或转换成常见的文件格式。

能力训练

1. 熟练使用打印命令，设置图纸尺寸；
2. 熟练使用输出格式工具，将dwg文件转换为任意需要的格式。

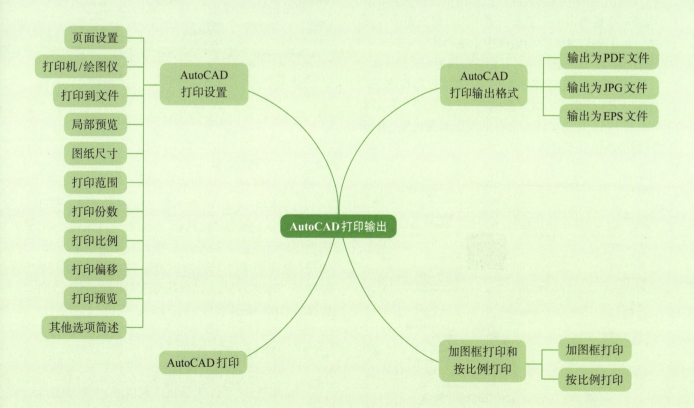

7.1 AutoCAD打印设置（扫二维码看操作视频）

AutoCAD图形的打印设置，通过"打印-模型"或"打印-布局*"对话框进行。

可以通过以下方法进行"打印"命令：

1. 在命令栏中键盘输入PLOT；

2. 键盘输入"Ctrl"键和"P"键；

3. 单击快速访问工具栏上的打印图标；

4. 在"模型"选项卡或"布局"选项卡上单击鼠标右键，在弹出的菜单里单击"打印"。

执行上述操作后，AutoCAD将弹出"打印-模型"或"打印-布局*"对话框。若单击对话框右下角的"更多选项"按钮，可以在"打印"对话框中显示更多选项。

下面对"打印"对话框内各个选项的功能含义和设置方法进行介绍。

7.1.1 页面设置

"页面设置"对话框的标题显示了当前布局的名称。列出图形中已命名或已保存的页面设置：可以将图形中保存的命令页面设置作为当前页面进行设置，也可以在"打印"对话框中单击"添加"，基于当前设置创建一个新的命名页面进行设置（图7.1.1）。

若与上一次打印方法相同（包括打印机名称、图幅大小、比例等），可以选择"上一次打印"或选择"输入"在文件夹中选择保存的图形页面设置，也可以添加新的页面设置。

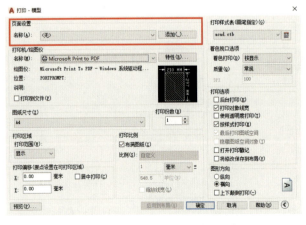

图7.1.1 AutoCAD打印设置对话框

7.1.2 打印机/绘图仪

在AutoCAD中，非系统设备称为绘图仪，Windows系统设备称为打印机。

该选项是指定打印布局时使用已配置的打印设备。如果选定绘图仪不支持布局中选定的图纸尺寸，将显示警告，用户可以选择绘图仪的默认图纸尺寸或自定义图纸尺寸。打开下拉菜单，其中有列出可用的PC3文件或系统打印机，可以从中进行选择以打印当前布局。设备名称前面的图标识别其为PC3文件还是系统打印机。PC3文件是指AutoCAD将有关介质和打印设备的信息存储在配置的打印文件（PC3）中的文件类型。

右侧"特性"按钮，是显示绘图仪配置编辑器（PC3编辑器），从中可以查看或修改当前绘图已有的配置、端口、设备和介质设置。如果使用"绘图仪配置编辑器"更改PC3文件，将显示"修改打印机配置文件"对话框（图7.1.2）。

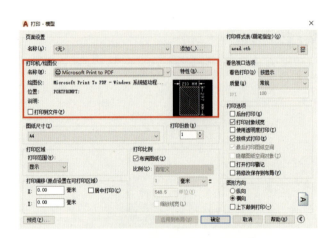

图7.1.2 AutoCAD打印机/绘图仪选项

7.1.3 打印到文件

打印输出成文件，而不是发送到打印机。打印文件的默认位置是在"选项"对话框"打印和发布"选项卡"打印到文件操作的默认位置"中指定的。如果"打印到文件"选项已勾选，单击"打印"对话框中的"确定"将显示"打印到文件"对话框，文件类型为".plt"格式文件（图7.1.3）。

7.1.4 局部预览

"局部预览"位于对话框中间位置，是精确显示

图7.1.3　AutoCAD打印到文件选项

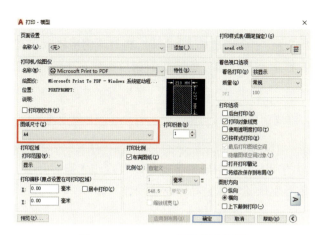

图7.1.5　AutoCAD图纸尺寸选项

相对于图纸尺寸和可打印区域的有效打印区域,显示图纸尺寸和可打印区域(画斜线部分)。若图形比例太大,打印边界超出图纸范围,局部预览将显示红线(图7.1.4)。

表7.1.1　ISO不同图纸幅面尺寸大小

图纸幅面	长度(mm)	宽度(mm)
A0	1189	841
A1	841	594
A2	594	420
A3	420	297
A4	297	210

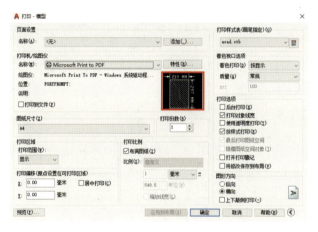

图7.1.4　AutoCAD局部预览选项

在实际制图中,详图常用幅面为A2或A3,总图一般使用A0、A1或A2幅面。

7.1.6　打印范围

指定要打印的图形部分。在"打印范围"下,可以选择要打印的图形区域(图7.1.6)。

7.1.5　图纸尺寸

"图纸尺寸"可以显示所选打印设备可用的标准图纸尺寸。如果未选择绘图仪,将显示全部标准图纸尺寸的列表供用户选择。如果所选绘图仪不支持布局中选定的图纸尺寸,将显示警告,用户可以选择绘图仪的默认图纸尺寸或自定义图纸尺寸。

页面的实际可打印区域(取决于所选打印设备和图纸尺寸)在布局中以虚线表示;如果打印的是光栅图像(如BMP或TIFF文件),打印区域大小的指定将以像素为单位而不是英寸或毫米(图7.1.5)。

常用的图纸幅面与ISO标准一致,不同的图纸尺寸如表7.1.1所示。

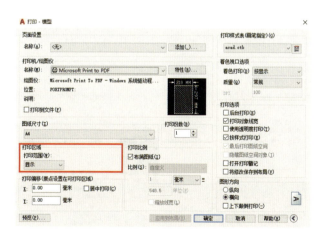

图7.1.6　AutoCAD打印区域选项

7.1.6.1　布局/图形界限

打印布局时,将打印指定图纸尺寸的可打印区域内的所有内容,其原点从布局中(0,0)点计算得出。从"模型"选项卡打印时,将打印栅格界限定义为整个图形区域。如果当前视口不显示平面视图,该选项与"范围"选项效果相同。

7.1.6.2 范围

打印包含对象图形的部分当前空间。当前空间内的所有几何图形都将被打印。打印之前,可能会重新生成图形以重新计算范围。

7.1.6.3 显示

打印选定的"模型"选项卡当前视口中的视图或布局中的当前图纸空间视图。

7.1.6.4 窗口

打印指定的图形部分。如果选择"窗口","窗口"按钮将成为可用按钮。单击"窗口"按钮以使用定点设备指定要打印区域的两个角点,或输入坐标值。这种方式最为常用。

7.1.6.5 视图

打印先前通过VIEW命令保存的视图。可以从列表中选择命名视图。如果图形中没有已保存的视图,此选项不可用。选中"视图"选项后,将显示"视图"列表,列出当前图形中保存的命名视图,可以从此列表中选择视图进行打印。

7.1.7 打印份数

指定要打印的份数,可自行选择,份数无限制。若是打印到文件时,此选项不可用(图7.1.7)。

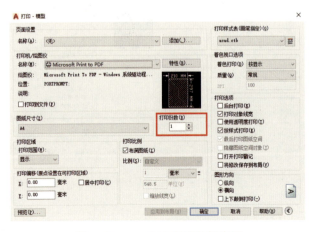

图7.1.7 AutoCAD打印份数选项

7.1.8 打印比例

根据需要,对图形打印比例进行设置。一般在绘图时,图形是以mm为单位,按1:1绘制的,即设计大的图形长1 m(1000 mm),绘制时绘制1000 mm。打印时可以使用任何需要的比例进行打印,包括按布满图纸范围打印、自行定义打印比例大小(图7.1.8)。

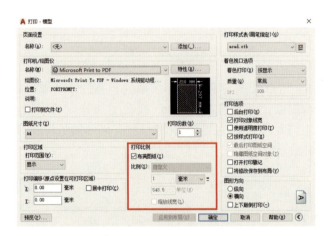

图7.1.8 AutoCAD打印比例选项

7.1.9 打印偏移

根据"指定打印偏移时相对于"选项("选项"对话框,"打印和发布"选项卡)中的设置,指定打印区域相对于可打印区域左下角或图纸边界的偏移。"打印"对话框的"打印偏移"区域显示了包含在括号中的指定打印偏移选项。图纸的可打印区域由所选输出设备决定,在布局中以虚线表示。修改为其他输出设备时,可能会修改可打印区域。

通过在"X偏移"和"Y偏移"框中输入正值或负值,可以偏移图纸上的几何图形。图纸中的绘图仪单位为英寸或毫米。一般打印时,会勾选"居中打印",使得图像处于图纸的正中间(图7.1.9)。

7.1.10 打印预览

单击对话框左下角的"预览"按钮,也可以执行PREVIEW命令,系统将在图纸上以打印的方式显示图形打印预览效果。要退出打印预览并返回"打印"对话框,可按Esc键,然后按回车键或空格键,或单击鼠标右键,然后单击快捷菜单上的"退出"(图7.1.10)。

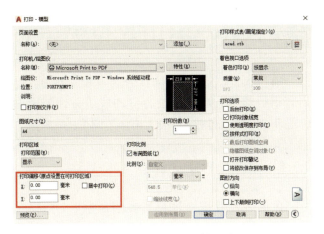

图7.1.9　AutoCAD打印偏移选项

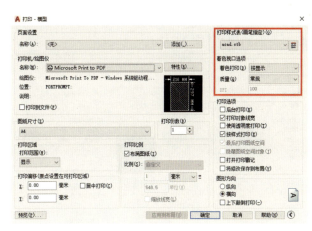

图7.1.11　AutoCAD打印样式表选项

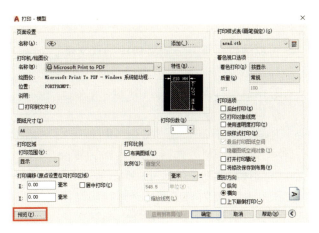

图7.1.10　AutoCAD打印预览按钮

7.1.11　其他选项简述

在其他选项中,最常用的是"打印样式表(笔指定)"和"图形方向"。

7.1.11.1　打印样式表

即设置、编辑打印样式表,或者创建新的打印样式表(图7.1.11)。

名称(无标签)一栏显示指定给当前"模型"选项卡或"布局"选项卡的打印样式表,并提供当前可用的打印样式表的列表。如果选择"新建",将显示"添加打印样式表"向导,可用来创建新的打印样式表。显示的向导取决于当前图形是处于颜色相关模式还是处于命名模式。一般要打印为黑白颜色的图纸,选择其中的"monochrome.ctb"即可;要按图面显示的颜色打印,选择"无"即可。

单击 按钮可显示"打印样式表"编辑器(图7.1.12),从中可以查看或修改当前指定的打印样式表中的样式。

在实际工作中,设计师经常通过打印样式表编辑器中的不同颜色来控制打印时的粗细。对话框左边的颜色与AutoCAD绘图界面中保持一致,每一种颜色都可以指定出图时不同的淡显、线型和线宽,这样即可通过控制颜色来控制出图时的实际效果。

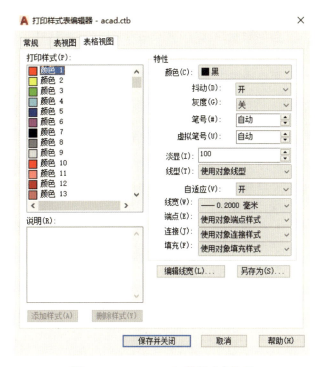

图7.1.12　AutoCAD打印样式表选项

7.1.11.2　图形方向

图形方向是打印效果支持纵向或横向的绘图仪指定图形在图纸上的打印方向,图纸图标代表所选图纸的介质方向,字母图标代表图形在图纸上的方向。

纵向放置并打印图纸,图纸的短边位于图形页面的顶部；横向放置并打印图形，图形的长边位于图形页面的顶部（图7.1.13）。

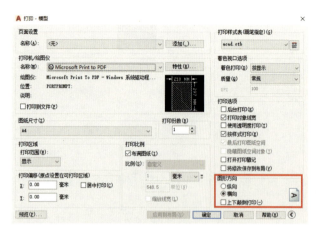

图7.1.13　AutoCAD图形方向选项

7.2　AutoCAD打印

图形绘制完成后，需要通过打印机将图形打印到图纸上。打印一般在布局选项卡里完成。

可以通过以下方法打印图形：

1. 单击菜单栏文件的下拉菜单，选择"打印（P）"命令选项；

2. 点击标准工具栏上的打印图标；

3. 命令栏中输入PLOT；

4. 键盘同时选择Ctrl键和P键。

操作步骤：

1. 在"打印"对话框的"打印机/绘图仪"下，从"名称"列表中选择一种绘图仪。

2. 在"图纸尺寸"下，从"图纸尺寸"下拉菜单中选择合适的图纸尺寸，并在"打印份数"下，输入要打印的份数。

3. 在"打印区域"下，指定需要打印的部分（包括向X轴、Y轴方向偏移或居中打印），以及在"打印比例"下，从"比例"框中选择缩放比例。

4. 单击"其他选项"按钮，从"打印样式表（笔指定）"下，选择合适的打印样式表。

5. 在"图形方向"下，选择一种方向，尽量使得打印区域布满整个图纸，图面显得饱满。

6. 单击"预览"查看预览的打印效果。如果没有问题，则可单击右键，在弹出的快捷菜单中选择"打印"或"退出"。

7.3　AutoCAD打印输出格式

通过AutoCAD安装时自带的虚拟打印机，使用者可以将.dwg的图形文件打印成更方便阅读的PDF和JPG等文件格式，极大增强了图形的实用性。

7.3.1　输出为PDF文件

PDF格式数据文件是指Adobe便携文档格式（Portable Digital File），可通过Adobe Reader软件或PAGE浏览器打开。PDF文件不需安装AutoCAD软件，可以与任何人共享图形数据信息，浏览图形数据文件。

可以通过以下方法输出PDF格式文件：

1. 在命令栏中，输入PLOT启动打印功能；

2. 键盘同时按下Ctrl键和P键。

操作步骤：

1. 弹出"打印-模型"或"打印-布局*"对话框后，绘图仪/打印机处选择"DWG To PDF.pc3"；

2. 选择对应的文件尺寸；

3. 根据需要为PDF文件选择打印设置，包括图纸尺寸、比例、选择打印范围等；

4. 单击"确定"，选择保存路径。

7.3.2　输出为JPG文件

AutoCAD可以将图形以非系统光栅驱动程序支持若干光栅文件格式（包括Windows BMP、TIFF、PNG、JPG等）输出，其中最常用的是JPG格式光栅文件。创建光栅文件需确保AutoCAD中已经配置了相应的绘图仪驱动程序。JPG格式相应的打印机/绘图仪名称为"PublishToWeb JPG.pc3"。

可以通过以下方法输出JPG格式文件：

1. 在命令栏中，输入PLOT启动打印功能；

2. 在命令行中输入Ctrl+P。

操作步骤：

1. 弹出"打印-模型"或"打印-布局*"对话框后，绘图仪/打印机处选择"PublishToWeb JPG.pc3"；

2. 选择对应的文件尺寸；

3. 根据需要为JPG文件选择打印设置，包括图纸尺寸、比例、选择打印范围等；

4. 单击"确定"，选择保存路径。

备注：选择"PublishToWeb JPG.pc3"后，系统可能会弹出"绘图仪配置不支持当前布局的图纸尺寸"之类的提示，此时可以选择其中任一个选项，再进行后续操作。

7.3.3 输出为EPS文件

EPS文件是目前桌面印刷系统普遍使用的通用交换格式当中的一种综合格式，又被称为带有预视图像的PS格式，它是由一个PostScript语言的文本文件和一个（可选）低分辨率的由PICT或TIFF格式描述的代表像组成。EPS格式最大的优点是可作为Photoshop与Adobe IIIustrator、Quard Xpress、PageMaker等软件之间的文件交换。

AutoCAD在安装之后，默认的打印设置里没有EPS相应的打印驱动程序。因此，在打印之前，首先需要安装相应的打印机/绘图仪。

操作步骤：

1. 打开菜单栏"文件"中的"绘图仪管理器"；
2. 双击文件夹中的"添加绘图仪向导"；
3. 一直选择"下一步"，直到完成。

安装完毕后，CAD的打印机/绘图仪中会多出一个"Postscript Level 1.pc3"的名称，通过此驱动可以打印EPS文件。

打印EPS文件步骤与之前打印PDF、JPG文件步骤类似。

7.4 加图框打印和按比例打印（扫二维码看操作视频）

在绘制图纸完毕后，都要将图纸加上特定的图框打印出来，只有当图纸打印出来（打印白图或硫酸纸晒蓝图）后，才可以认为绘图工作基本完毕。

7.4.1 加图框打印

AutoCAD绘制图形时，一般是在模型空间进行。加图框时，一般是将图框放在布局空间。在布局空间内，同样可以进行图形的绘制编辑和文字表格的输入（图7.4.1）。

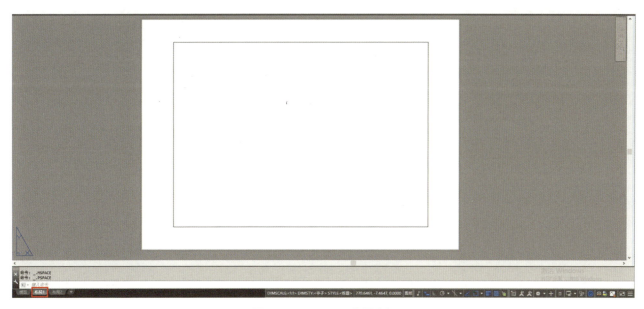

图7.4.1 AutoCAD布局空间

操作步骤（以A3图框为例，其余比例的图纸以此类推）：

1. 进入布局空间，在布局空间中按照1∶1的

尺寸比例绘制A3图框（420×297），单位为毫米；或者打开已有的图框文件，将A3图框复制进来（图7.4.2）。

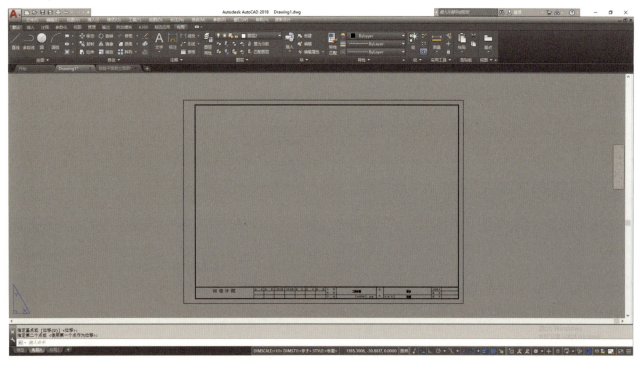

图 7.4.2　将图框复制进布局空间

2. 新建一个"视口"图层，在命令栏键盘输入命令快捷键 MV，在新图层上拖拉出一个视口，此时模型空间中的图形就会进入到视口中。视口可创建多个，这些视口可以随意移动、复制、删除、拉伸等（图 7.4.3）。

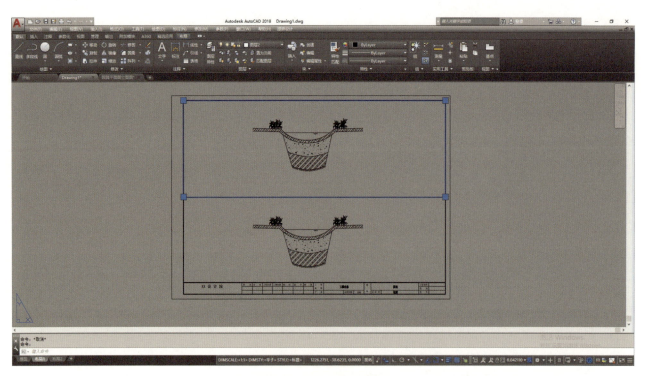

图 7.4.3　图框中增加视口

3. 在需要调整打印比例的视口内任意一点处双击，此时该视口的边框会加粗加亮，处于激活状态，此时将鼠标滚轮向上或向下移动，视口内的图形会相应呈现放大或缩小的状态，按下鼠标滚轮进行移动，视口内的图形会相应地进行位移，比例不会发生改变（图 7.4.4）。

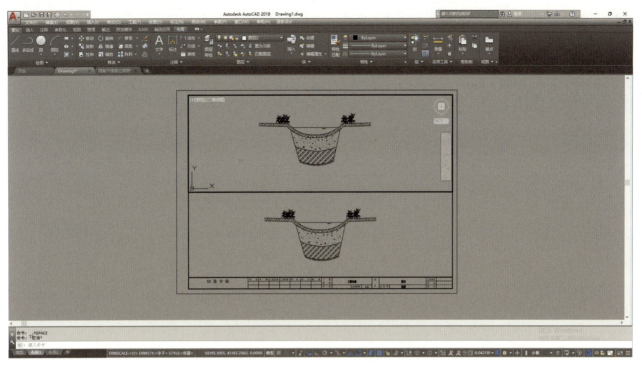

图7.4.4 视口未激活状态和激活状态比较

4. 将图形通过滚轮的移动调整到比较合适的位置后，在该视口外任意一点双击（请注意视口外的任意一点不包括其他视口内的区域），此时该视口边框变暗变细，处于锁定状态。

5. 将图框的信息补充完整，按照打印输出的步骤进行打印，此时打印的"窗口"选择图框最外面的矩形，图纸尺寸可选择"ISO full blood A3"的尺寸。

备注：放置视口的图层在最后打印输出之前可关闭，这样打印出来的图形不会出现视口的图框。

7.4.2 按比例打印

在布局打印时，常常需要按照一定的精确比例进行打印输出。

操作步骤（以A3图框为例，其余比例的图纸以此类推）：

1. 按照7.4.1的操作，将图框和视口布置好，激活需要精确比例的视口。

2. 在命令栏键盘输入命令ZOOM（快捷键：Z），按回车键或空格键。

3. 在命令栏键盘输入1/**XP，其中**就是比例数，按回车键或空格键。例如，1：100的打印比例，就输入"1/100XP"，这时AutoCAD会自动在视口内将图形调整到设置的比例。

4. 设置完成后，移动图形至合适的位置，锁定该视口，此时可以打印输出。

备注：1XP表示按作图单位显示；2XP表示按作图单位的2倍显示，如此类推。如果布局视口显示比例1/100XP，打印比例1：1，则图纸实际输出为1毫米：100作图单位的图纸。读者可把常用的图框单独绘制，做成模板。

在实际工作中，计算机绘图常用的比例如表7.4.1所示。

表7.4.1 绘图所用的比例

常用比例	1：1、1：2、1：5、1：10、1：20、1：30、1：50、1：100、1：150、1：200、1：500、1：1 000、1：2 000
可用比例	1：3、1：4、1：6、1：15、1：25、1：40、1：60、1：80、1：250、1：300、1：400、1：600、1：5 000、1：10 000、1：20 000、1：50 000、1：100 000、1：200 000

 **模块小结**

通过本模块的学习，使读者对AutoCAD的.dwg图形打印输出为其他格式文件的使用方法有大致的了解。

模块实训

任务1：绘制某四角亭子的平面图和立面图，并以合适的比例打印至同一份A3图框中（图7.4.5、图7.4.6）。

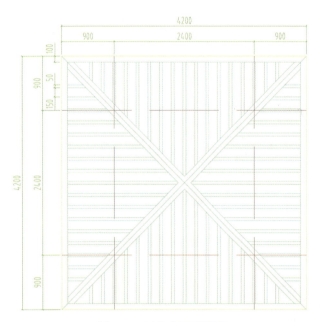

图7.4.5　四角亭子平面图

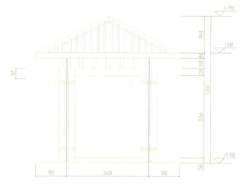

图7.4.6　四角亭子立面图

绘制步骤：

绘图前准备

1. 建立新文件

打开AutoCAD软件，以"无样板打开-公制"建立新文件，将新文件命令为"四角亭.dwg"并保存。

2. 设置图层

打开图层标注管理器，设置四个图层："中心线"、"木板"、"边线"、"标注尺寸"和"说明文字"，将每个图层设置成相应颜色，使绘图时显示更加清楚。将"中心线"图层设置为当前图层，设置好的图层如图7.4.7所示。

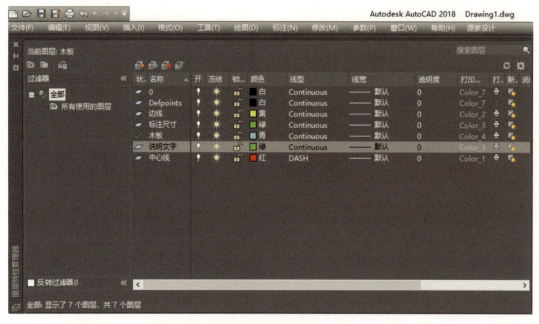

图7.4.7　设置图层

3. 标注样式的设置

根据绘图比例设置标注样式，单击菜单栏"标注"选项中的"标注样式"按钮，对标注样式线、符号、箭头、文字和主单位进行设置，具体数值如下：

线：超出尺寸线25，起点偏移量30。

符号和箭头：第一个为建筑标记，箭头大小20。

文字：文字高度100，文字位置为垂直上，从尺寸线偏移30，文字对齐为与尺寸线对齐。

主单位：精度为0，比例因子为1。

4. 文字样式的设置

在命令行中输入ST并回车,打开"文字编辑器"选项卡,选择"宋体"字体,宽度因子为1。

绘制亭子平面图

1. 绘制亭子定位轴线

(1)在状态栏中单击"正交"按钮,打开正交模式;单击"对象捕捉"按钮,打开对象捕捉模式;单击"对象捕捉追踪"按钮,打开对象捕捉追踪模式。

(2)在命令行中输入L,开启直线命令,绘制一条长度为6 000的水平直线。重复该命令,在距离直线左边顶点1 000处画一条相交的长度为6 000的垂直直线。

(3)在命令行中输入O,开启偏移命令,将水平直线向上分别偏移900,2400,900;将垂直直线分别往右偏移900,2400,900。确保最外侧直线两两相

交将最外侧四条直线的图层改成"边线"图层。选中中间四条直线右击,在打开的快捷菜单中选择"特性"命令,打开"特性"选项卡,设置线型比例为250。

(4)在命令行中输入TR,开启剪切命令,将处于"边线"图层的线四周多余的线剪切,绘制好的图形如图7.4.8所示。

(5)将"木板"设置为当前图层。在命令行中输入L,开启直线命令,在两条对角线处绘制直线。在命令行中输入O,开启偏移命令,将两条对角线分别向左向右偏移75。继续偏移命令,将边线四条线向内偏移100并改为"木板"图层,在命令行中输入TR,开启剪切命令,将多余的线删减掉。

(6)继续使用偏移命令,将屋顶的其中一部分排列图案完成。木板的两条线之间距离为50,木板之间的距离为150。绘制好的图形如图7.4.9所示。使用镜像命令,将木板铺满屋顶。

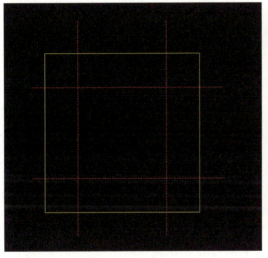

图7.4.8 绘制平面图(1)　　图7.4.9 绘制平面图(2)

2. 绘制标注尺寸

(1)将"标注尺寸"图层设置为当前图层,在命令栏输入DAL,开启对齐标注命令,在需要的部分标注相应尺寸。

绘制亭子立面图

1. 绘制亭子屋顶框架

(1)将"边线"设置为当前图层。

(2)在命令行中输入L,开启直线命令,绘制一个长度4 200,宽度150的矩形,其中三条边。重复直线命令,从矩形长度中点开始向上绘制一条长度1 200的直线。继续重复直线命令,将矩形的短边顶点和中线顶点连接起来,绘制好的图形如图7.4.10所示。

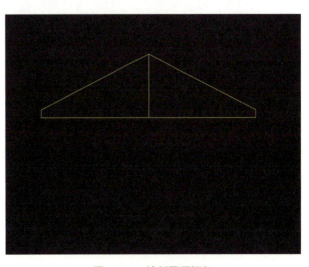

图7.4.10 绘制屋顶框架

2.绘制柱身部分

（1）在命令行中输入O，开启偏移命令，将屋顶中线向左偏移1 200。将"中心线"设置为当前图层，在命令行中输入L，开启直线命令，以偏移线顶点开始向下绘制长度为3 000的直线。在命令行中输入O，开启偏移命令，将中心线向左偏移50、100和230。重复偏移命令，将屋顶长线向下分别偏移300和3 000。

（2）在命令行中输入TR，开启剪切命令，将多余的线删减掉。将离中心线50的线的图层改为"木板"，绘制好的图形如图7.4.11所示。

（3）在命令行中输入O，开启偏移命令，将立柱的顶线向下偏移360并延长至中心线。重复偏移命令，设置距离为20，将该线再分别向下偏移4次。在命令行输入C，开启"圆形"命令，在相隔20的线左侧画4个半径为10的圆进行连接。在命令行输入TR，开启剪切命令，将4个圆的右半侧和穿过圆心的圆内直线剪切掉。在命令行输入MI，开启镜像命令，将此图形沿立面长边中点形成的镜像线进行复制，绘制好的图形如图7.4.12所示。

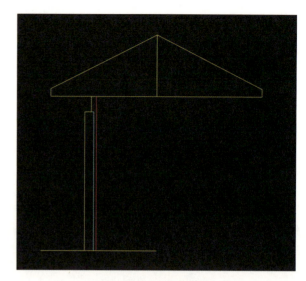

图7.4.11　绘制柱身（1）

（4）在命令行输入MI，开启镜像命令，将此图形沿中心线作为镜像线进行复制。在命令栏中输入L，开启直线命令，在中心线两侧木板顶点画一条连接线并向下竖直移动300。重复镜像命令，将柱子部分全部选中，将此图形沿屋顶中线作为镜像线进行复制。绘制好的图形如图7.4.13所示。

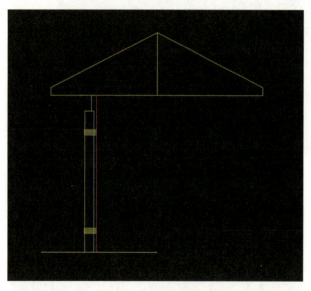

图7.4.12　绘制柱身（2）

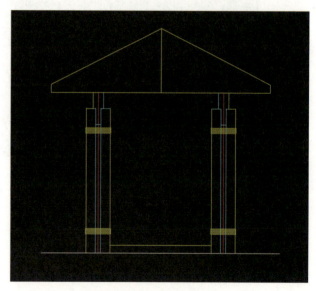

图7.4.13　绘制柱身（3）

3.绘制屋顶内部

（1）将"木板"设置为当前图层，将屋顶中心线改为"木板"图层。

（2）在命令行中输入L，开启直线命令，将矩形短边顶点和中心线连接。在命令行中输入O，开启偏移命令，将屋顶斜线向内偏移150。在命令行输入TR，开启剪切命令，剪切掉多余线头。

（3）在命令行中输入O，开启偏移命令，将中心线向左偏移75。重复偏移命令，将其余排列木板完成。木板的两条线之间距离为50，木板之间的距离为150。

（4）在命令行中输入O，开启偏移命令，将屋顶线向内75。将木板左侧直线以此偏移线为基点向右绘制短直线。在命令行输入TR，开启剪切命令，剪切掉多余线头。绘制好的图形如图7.4.14所示。

（5）选中所绘图形，在命令行输入MI，开启镜像命令，将此图形沿屋顶中点形成的镜像线进行复制。

4. 完善亭子立面图

（1）在命令行中输入L，开启直线命令，将柱子上面的顶点处连接。

（2）将左边柱子细处的右侧直线改为"木板"图层。在命令行中输入O，开启偏移命令，将该直线往右多次偏移。偏移距离分别为250，100，300，100和300。选中该一系列短直线，在命令行输入MI，开启镜像命令，将此图形沿屋顶中点形成的镜像线进行复制。

（3）在命令行中输入BR，开启打断于点命令，以柱子底部的亭底直线作为打断点。将两条短线改为"木板"图层。绘制好的图形如图7.4.15所示。

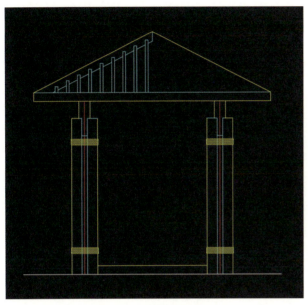

图7.4.14　绘制屋顶内部

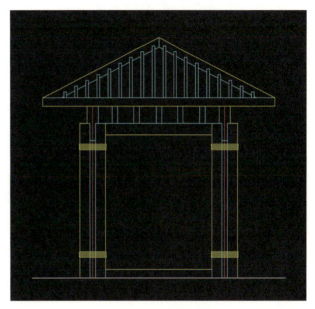

图7.4.15　亭子立面图

5. 绘制标注尺寸

将"标注尺寸"图层设置为当前图层，在命令栏输入DAL，开启对齐标注命令，在需要的部分标注相应尺寸。

加图框打印

1. 加图框

（1）打开本书模块六中模块实训任务三所绘制的A3图框，将图框复制到亭子文件的布局空间中。

2. 放置视口

（1）新建"视口"图层。

（2）将"视口"图层设置为当前图层，在命令栏输入MV，将绘制好的图形放入视口中。

3. 设置打印比例

（1）双击视口内任意一点，激活视口。

（2）在命令栏输入命令Z，1/50XP，设置为1：50的打印比例。

4. 添加文字及打印

（1）在命令栏输入DT，在图形下方分别标注"亭子平面图1：50"和"亭子立面图1：50"。

（2）继续TEXT命令，将图框内的一些信息填写完毕。

（3）键盘按下Ctrl+P，设置绘图仪名称为"DWG To PDF.pc3"，图纸尺寸为"ISO full blood A3"，窗口为图框最外面的矩形，打印样式为"Graysacle.ctb"，将图纸打印出来。

模块八
AutoCAD好帮手——天正建筑设计软件介绍

学习目标

天正建筑设计软件TArch是一个可以辅助AutoCAD制图软件的非常优秀的实用软件。在学习AutoCAD的同时如果可以掌握天正软件的基本用法,画图效率会显著提高。

能力训练

1. 熟练使用天正绘图命令;
2. 熟练使用天正标注命令。

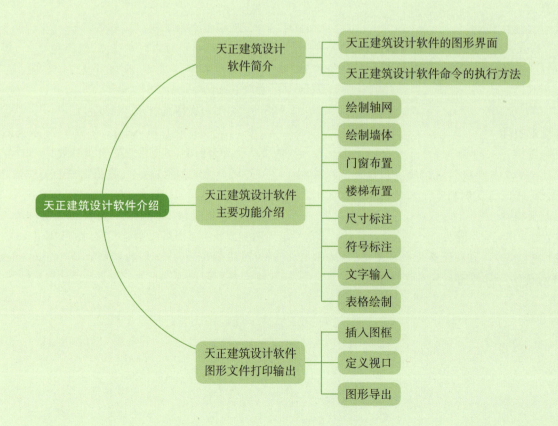

8.1 天正建筑设计软件简介

8.1.1 天正建筑设计软件的图形界面

天正建筑设计软件的主要功能都罗列在左侧的

工具栏以及上方的命令工具条中(图8.1.1)。当光标移到工具栏的名称上时,工具栏的状态行会出现该菜单功能的简短提示。

有些菜单项无法完全在屏幕可见,为此可用鼠标滚轮上下滚动菜单快速选取当前不可见的项目。

另外,也可以在左侧的工具栏一级菜单上单击鼠标右键展开下一级菜单。

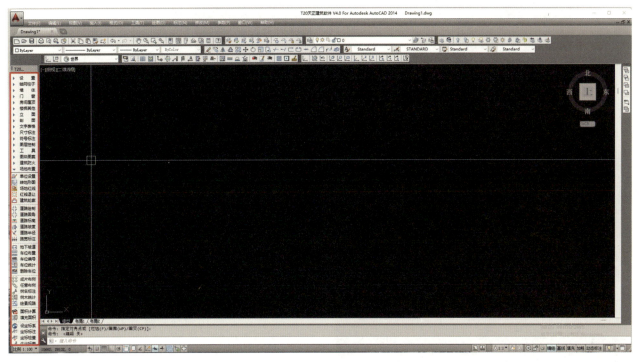

图8.1.1 天正软件界面

8.1.2 天正建筑设计软件命令的执行方法

天正建筑设计软件大部分功能和AutoCAD一样,可以在命令行键入命令执行。屏幕菜单、右键快捷菜单和键盘命令三种形式调用命令的效果是相同的。

天正的键盘命令以汉字的汉语拼音的第一个字母组成,如"双线直墙"的键盘命令为"SXZQ"。有少数功能只能菜单点取,不能从命令行键入,例如状态开关。

8.2 天正建筑设计软件主要功能介绍

天正建筑设计软件专门针对建筑行业图纸的特征,开发了一系列专业化的标注系统和常见图纸元素的自动绘制。通过这节内容的介绍,希望读者掌握天正建筑设计软件图形绘制方法与相关的知识。

8.2.1 绘制轴网

可以通过以下方法进行"绘制轴网"命令:

1. 单击左侧工具栏中的"轴网柱子"里的"绘制轴网";

2. 单击上侧命令工具条中"绘制轴网"的图标 ▦;

3. 键盘输入绘制轴网的快捷键HZZW。

绘制步骤:

1. 单击绘制轴网菜单命令后,显示"绘制轴网"对话框(图8.2.1);

2. 在对话框内输入开间间距、个数,选择轴线形式;

3. 在绘图区特定位置单击,即可显示所设置的轴网(图8.2.2)。

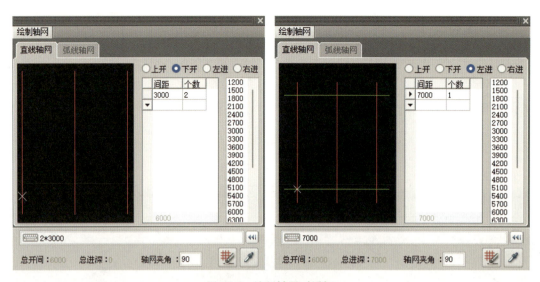

图 8.2.1 绘制轴网对话框

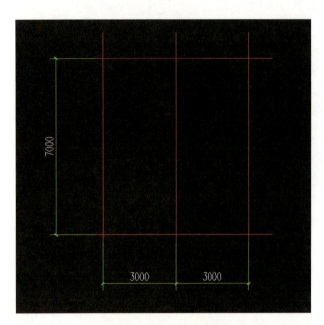

图 8.2.2 绘制轴网效果

8.2.2 绘制墙体

可以通过以下方法进行"绘制墙体"命令：
1. 单击左侧工具栏中的"墙体"中的"绘制墙体"；
2. 单击上侧命令工具条中"绘制墙体"的图标 ；
3. 键盘输入绘制墙体的快捷键 HZQT。

绘制步骤：
1. 单击绘制墙体，弹出"墙体"对话框；

2. 在对话框内输入左宽、右宽、墙高等数值，可绘制对应数值的墙体。

3. 打开对象捕捉，点击绘图区任意位置，该点就会作为墙体的中点，两侧会出现墙体的直线（图8.2.3）。

备注：一般会先绘制轴线，通过轴线的交点来定位墙体位置，进行绘制。

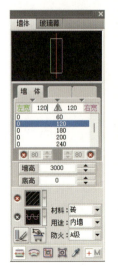
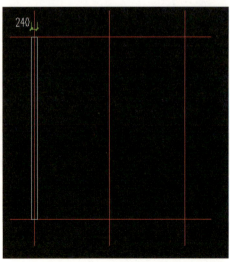

图 8.2.3 绘制墙体对话框及效果

8.2.3　门窗布置

可以通过以下方法进行"门窗布置"命令：

1. 单击左侧工具栏中的"门窗"；

2. 单击上侧命令工具条中"插门"的图标 🚪 或"插窗"的图标 ⊞ ；

3. 键盘输入门窗布置的快捷键MC。

绘制步骤：

1. 单击门窗工具栏，选择"插门"或"插窗"命令，显示"门""窗"对话框；

2. 点击门窗缩略图，可打开"天正图库管理系统"对话框，选择需要的门窗样式（图8.2.4、图8.2.5）；

3. 修改门宽、门高、窗宽、窗高、窗台高等数值，确定绘制的门窗大小；

4. 点击墙体与轴网的交点，确定门窗位置，Ctrl键可控制门窗上下开方向，Shift键可控制门窗左右开方向（图8.2.6）。

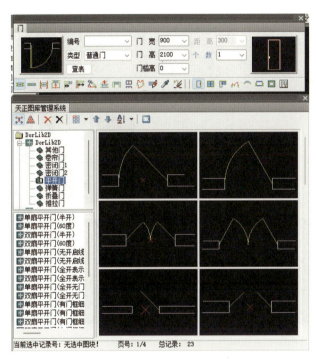

图8.2.4　绘制门的对话框及效果

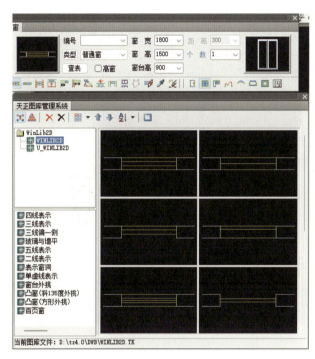

图8.2.5　绘制窗的对话框及效果

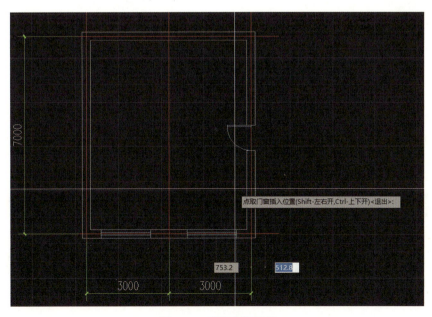

图8.2.6　门窗布置效果

8.2.4 楼梯布置

天正建筑设计软件设置了非常多的楼梯形式，可以一键绘制各个类型的楼梯。下面介绍几种常用的楼梯形式绘制方法。

8.2.4.1 绘制直线梯段

绘制步骤：

1. 点击左侧工具栏"楼梯其他"，单击"直线梯段"，或直接输入直线梯段快捷键ZXTD，弹出"直线梯段"对话框；

2. 修改梯段宽度、踏步高度、踏步宽度、踏步数目等参数，确定梯段长宽高样式；

3. 单击绘图界面特定位置，放置楼梯（图8.2.7）。

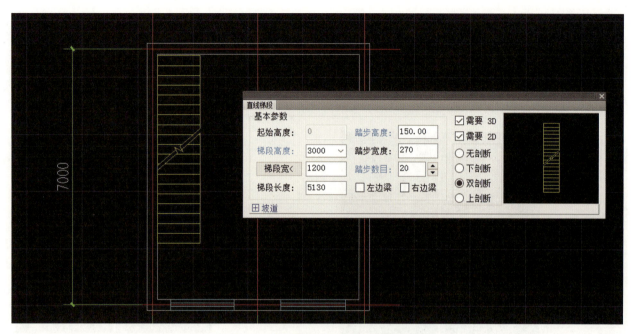

图8.2.7　直线梯段对话框及布置效果

8.2.4.2 绘制圆弧梯段

绘制步骤：

1. 点击左侧工具栏"楼梯其他"，单击"圆弧梯段"；或直接输入圆弧梯段快捷键YHTD，弹出"圆弧梯段"对话框（图8.2.8）；

2. 修改内圆半径、外圆半径、梯段高度、踏步高度、踏步数目等参数，确定梯段样式；

3. 单击绘图界面特定位置，放置楼梯。

图8.2.8　圆弧梯段对话框

8.2.4.3 绘制双跑楼梯

绘制步骤：

1. 点击左侧工具栏"楼梯其他"，单击"双跑楼梯"；或直接输入直线梯段快捷键SPLT，弹出"双跑楼梯"对话框（图8.2.9）；

2. 修改楼梯高度、踏步高度、踏步宽度、踏步数目等参数，确定楼梯样式；

3. 单击绘图界面特定位置，放置楼梯。

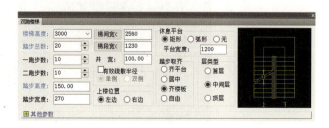

图8.2.9　双跑楼梯对话框

8.2.5　尺寸标注

天正建筑设计软件的尺寸标注与AutoCAD的操作步骤大致相同。下面主要介绍逐点标注和增补尺寸命令。

8.2.5.1　逐点标注

可以通过以下方法进行"逐点标注"命令：

1. 单击左侧工具栏中的"尺寸标注"中的"逐点标注"；

2. 单击上侧命令工具条中"逐点标注"的图标 ；

3. 键盘输入逐点标注的快捷键ZDBZ。

绘制步骤：

1. 单击逐点标注命令或输入快捷键ZDBZ；

2. 分别点击需要标注长度的起点和终点，移动光标后，单击确定标注所在位置，按空格键或回车键

8.2.5.2　增补尺寸

可以通过以下方法进行"增补尺寸"命令：

1. 单击左侧工具栏中的"尺寸标注"中的"增补尺寸"；

2. 单击上侧命令工具条中"增补尺寸"的图标 ；

3. 键盘输入增补尺寸的快捷键ZBCC。

绘制步骤：

1. 单击增补尺寸按钮或输入快捷键；

2. 点击需要增补的尺寸标注或直接双击需要增补的尺寸标注；

3. 出现一条随光标移动的直线后，单击需要增补尺寸的点进行尺寸标注，按空格键或回车键确定（图8.2.10）。

确定。

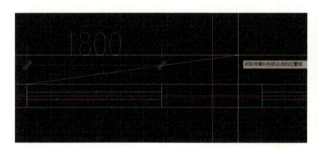

图8.2.10　增补尺寸效果

8.2.6　符号标注

天正建筑设计软件的符号标注相比AutoCAD更加符合中国人的绘图习惯，操作起来也更加方便。下面通过标高标注、静/动态标注、引出标注和做法标注四个方面来介绍天正符号标注的使用方法。

8.2.6.1　标高标注

可以通过以下方法进行"标高标注"命令：

1. 单击左侧工具栏中的"符号标注"中的"标高标注"；

2. 单击上侧命令工具条中"标高标注"的图标 ；

3. 键盘输入标高标注的快捷键BGBZ。

绘制步骤：

1. 单击标高标注按钮或输入快捷键，显示"标高标注"对话框（图8.2.11）；

2. 在对话框内修改标高样式、文字样式、标高字高和标高精度；

3. 移动光标单击需要标高的位置，按回车键或空格键确定，双击数字可修改标高数值（图8.2.12）。

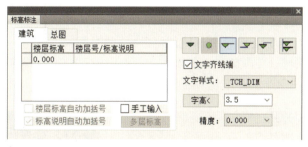

图8.2.11　标高标注对话框

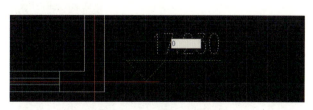

图8.2.12　修改标高数值

8.2.6.2 静/动态标注

点击符号标注，单击静态标注命令可实现静态标注和动态标注的切换。静态标注时，启用移动命令移动标高标注，标高数值不变（图8.2.13）。动态标注时，启用移动命令移动标高标注，标高数值随高度改变（图8.2.14）。

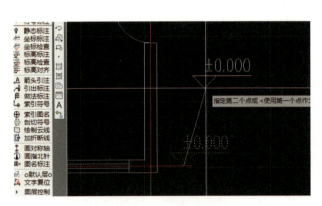

图8.2.13 静态标注效果

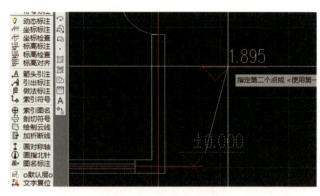

图8.2.14 动态标注效果

8.2.6.3 引出标注

引出标注可以用引线引到外围位置对一个标注点做多个标注。

可以通过以下方法进行"引出标注"命令：

1. 单击左侧工具栏中的"符号标注"中的"引出标注"；

2. 单击上侧命令工具条中"引出标注"的图标；

3. 键盘输入引出标注的快捷键YCBZ。

绘制步骤：

1. 单击引出标注命令或输入快捷键，显示"引出标注"对话框；

2. 输入需要标注的文字，修改文字样式、箭头样式、文字大小；

3. 单击需要标注的位置，移动光标单击确定引线位置，再次移动光标单击确定引线长度，按空格键或回车键确定（图8.2.15）。

8.2.6.4 做法标注

可以通过以下方法进行"做法标注"命令：

1. 单击左侧工具栏"符号标注"中的"做法标注"；

2. 单击上侧命令工具条中"做法标注"的图标；

3. 键盘输入做法标注的快捷键ZFBZ。

绘制步骤：

1. 单击做法标注命令或输入快捷键，显示"做法标注"对话框；

2. 输入需要标注的文字，修改文字样式和字高；

3. 单击需要标注的位置，移动光标单击确定引线位置，再次移动光标单击确定引线长度，按空格键或回车键确定（图8.2.16）。

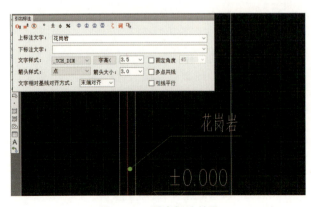

图8.2.15 引出标注效果

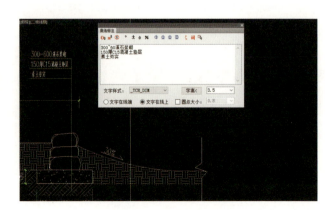

图8.2.16 做法标注效果

8.2.7　文字输入

天正建筑设计软件的文字输入与AutoCAD的操作步骤大致相同。下面主要介绍单行文字输入和多行文字输入命令。

8.2.7.1　单行文字输入

可以通过以下方法进行"单行文字输入"命令：

1. 单击左侧工具栏"文字表格"中的"单行文字"；

2. 单击上侧命令工具条中"单行文字"的图标**字**。

绘制步骤：

1. 单击单行文字命令，显示"单行文字"对话框；

2. 输入文字和修改文字样式和线高；

3. 单击需要标注的位置，按空格键或回车键确定（图8.2.17）。

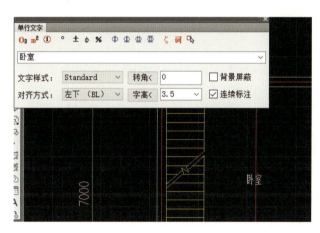

图8.2.17　单行文字输入

8.2.7.2　多行文字输入

可以通过以下方法进行"多行文字输入"命令：

1. 单击左侧工具栏"文字表格"中的"多行文字"；

2. 单击上侧命令工具条中"多行文字"的图标**字**。

绘制步骤：

1. 单击多行文字命令，显示"多行文字"对话框；

2. 输入文字和修改文字样式和线高；

3. 单击需要标注的位置，按空格键或回车键确定（图8.2.18）。

图8.2.18　多行文字输入

8.2.8　表格绘制

天正系统的表格绘制与AutoCAD的操作步骤大致相同。下面主要介绍天正系统的表格绘制命令。

可以通过以下方法进行"新建表格"命令：

1. 单击左侧工具栏"文字表格"中的"新建表格"；

2. 键盘输入新建表格的快捷键XJBG。

绘制步骤：

1. 单击"新建表格"命令，显示"新建表格"对话框；

2. 修改对话框内的表格行数、列数、行高、列宽等参数，可输入标题（图8.2.19）。

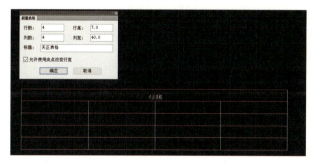

图8.2.19　新建表格

> **备注：**天正建筑设计软件的表格可以自动生成Word或Excel格式，并且从Excel中读取表格信息。具体操作如下。
>
> **转出Word：**点击文字表格，单击转出Word命令，单击需要转出的表格可自动生成Word。
>
> **转出Excel：**点击文字表格，单击转出Excel命令，单击需要转出的表格可自动生成Excel。
>
> **读入Excel：**打开需要读入的Excel，选中需要读入的部分，点击文字表格，单击读入Excel命令，单击需要读入的位置，生成表格。

8.3 天正建筑设计软件图形文件打印输出

在天正建筑设计软件中完成的图形，可以直接在天正中打印输出。具体步骤如下：

8.3.1 插入图框

点击文件布图，单击插入图框命令，显示"插入图框"对话框，可修改图框大小、样式、比例。单击插入，移动光标单击需要插入的位置可插入图框（图8.3.1）。

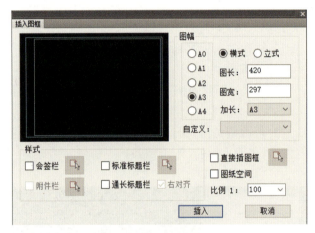

图8.3.1 插入图框对话框

8.3.2 定义视口

定义视口的快捷键为DYSK。点击文件布图，单击定义视口命令，拖动光标选择视口大小后输入出图比例，按空格键确定（图8.3.2）。

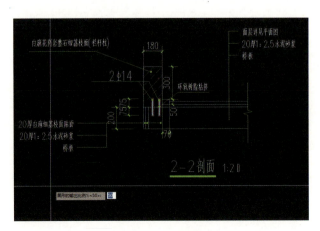

图8.3.2 定义视口

8.3.3 图形导出

点击文件布图，单击整图导出命令，显示"图形导出"对话框，可修改文件名、保存类型、CAD版本，确定保存位置，单击确定导出（图8.3.3）。

图8.3.3 图形导出对话框

备注： 在天正建筑设计软件里绘制的dwg文件如果在未安装天正的电脑中打开，会丢失部分文件信息。因此在保存时，都需要保存成文件名后缀有t3的文件，可以将所有的图形信息保存。

模块小结

通过本模块的学习，使读者对天正建筑设计软件辅助AutoCAD绘制图形的使用方法有大致的了解。

参考文献

1. 中国建筑学会.建筑设计资料集：第一分册 建筑总论[M].北京：中国建筑工业出版社,2017.
2. 中国建筑标准设计研究院.环境景观——室外工程细部构造[M].北京：中国计划出版社,2016.
3. 中国建筑标准设计研究院.房屋建筑制图统一标准[M].北京：中国建筑工业出版社,2018.
4. CAD/CAM/CAE技术联盟.园林景观设计从入门到精通[M].北京：清华大学出版社,2020.

附　录

AutoCAD 常用快捷键一览表

快捷键	中文命令	快捷键	中文命令	快捷键	中文命令	快捷键	中文命令	快捷键	中文命令
L	直线	CHA	倒直角	D	标注样式	Ctrl+Z	放弃	ATT	属性定义
ML	多线	F	倒圆角	DLI	直线标注	Ctrl+B	栅格捕捉	ATE	编辑属性
PL	多段线	X	分解	DAL	对齐标注	Ctrl+F	对象捕捉	R	刷新当前视口
POL	正多边形	J	合并	DCE	圆心标注	F1	帮助	RA	刷新所有视口
REC	矩形	BR	打断	DRA	半径标注	F2	文本窗口	PU	清理
C	圆	AL	对齐	DDI	直径标注	F3	对象捕捉	BO	边界创建
A	圆弧	OP	选项	DAN	角度标注	F7	栅格	SN	捕捉栅格
EL	椭圆	I	插入块	DIMARC	弧长标注	F8	正交		
SPL	样条曲线	B	创建块	DBA	基线标注	RE	重生成		
REVC	修订云线	W	定义块文件	DCO	连续标注	PE	编辑多线段		
PO	点	T	多行文字	DED	编辑标注	V	命名视图		
M	移动	DT	单行文字	LE	快速引线	MV	新建视口		
CO	复制	ST	文字样式	Z+A	显示全图	PLOT	打印		
E	删除	TABLE	表格	Ctrl+1	修改特性	LA	图层操作		
MI	镜像	TO	工具栏	Ctrl+3	工具选项板	LW	线宽		
O	偏移	H	填充/渐变	Ctrl+N	新建	LT	线型		
RO	旋转	DIV	定数等分	Ctrl+O	打开	LTS	线型比例		
S	拉伸	ME	定距等分	Ctrl+S	保存	UN	图形单位		
SC	比例缩放	P	实时平移	Ctrl+P	打印	AA	面积		
TR	修剪			Ctrl+C	复制	DI	距离		
EX	延伸			Ctrl+V	粘贴	MA	特性匹配		
AR	阵列			Ctrl+X	剪切	COL	设置颜色		